LE LOUP
ET SON MYSTÈRE

CHRISTOPHE
LEVALOIS

LE LOUP ET SON MYSTÈRE

Histoire d'une fascination

LE COURRIER DU LIVRE
27, rue des Grands-Augustins
75006 Paris

ISBN : 978-2-7029-1737-4

Cet ouvrage est une édition augmentée et actualisée du livre *Le Loup*,
du même auteur, paru en 1997 au Courrier du Livre.

www.editions-tredaniel.com
info@guytredaniel.fr
www.facebook.com/editions.tredaniel
www.instagram.com/le_courrier_du_livre

Homo homini lupus est
« L'homme est un loup pour l'homme »

Plaute, *Asinaria*, II v. 495

Sommaire

La présence du loup

« Loup y es-tu ?[1] »

5 novembre 1992, parc national du Mercantour, non loin du village de Saint-Martin-Vésubie. Deux gardes-moniteurs observent attentivement à la jumelle des mouflons et des chamois en cette froide et lumineuse matinée d'automne. Soudain, ils aperçoivent sur une crête une, puis deux silhouettes inhabituelles. Deux chiens ? Ils hésitent et scrutent avec plus d'intensité le comportement de ces deux animaux. Non, ce ne sont pas des chiens, mais des loups ! L'émotion est très forte. Ils les suivent durant plusieurs minutes. Ce sont les tout premiers observateurs du retour du loup en France, une soixantaine d'années après son éradication !

Durant plusieurs mois, la nouvelle n'est pas divulguée dans l'attente d'une confirmation, pour ne pas exposer inutilement cette installation récente et fragile, alors que l'animal revient tout juste à… pas de loup. Ce n'est qu'en mai 1993 que l'information est diffusée par le mensuel *Terre sauvage* (n° 73) qui souhaite la bienvenue au loup sur sa couverture et y consacre une « enquête ». La rédactrice en chef, Elena Adam, clôt son éditorial consacré à cette annonce par une affirmation sans ambages : « Avec son retour la nature reprend vie ! » Pas moins !

1. Extrait de la comptine pour enfants *Promenons-nous dans les bois*.

À vrai dire, pour les spécialistes, ce retour n'est pas une surprise. Les loups en question viennent d'Italie. Ils sont issus d'une sous-espèce du loup gris commun (*Canis lupus lupus*), le loup d'Italie (*Canis lupus italicus*). Dans ce pays, des mesures de protection ont été prises dans les années 1970, alors que la survie de l'animal était menacée et que seules quelques centaines de membres subsistaient dans le parc national des Abruzzes, au centre de la péninsule. Cela a permis non seulement sa croissance numérique, mais aussi son expansion territoriale. C'est ainsi qu'il a fini par franchir la frontière franco-italienne. Quelques individus avaient même lancé des raids sur le territoire français les années précédentes, comme la louve originaire d'Italie qui est abattue par des chasseurs à Fontan, un village à quelques encablures du Mercantour, le 29 décembre 1987.

À partir de 1992, une installation durable est donc constatée. Les analyses faites les années suivantes montrent que le nombre de loups augmente rapidement et que l'animal s'implante aussi dans d'autres régions limitrophes. La France n'est pas l'unique pays où ce retour s'opère. La Suisse, en 1995, l'Allemagne, en 2000 – des loups venant de Pologne à la suite du démantèlement du rideau de fer – et dernièrement la Belgique, en 2016, connaissent aussi ce phénomène. En 2019, selon les estimations de l'Office national de la chasse et de la faune sauvage (Office français de la biodiversité depuis le 1er janvier 2020), ce sont plus de 500 loups qui sont présents sur le sol français. Le seuil de viabilité est atteint. On compte alors environ 70 meutes et 92 zones de présence permanente. Seuls quelques départements du Nord-Ouest n'ont pas reçu de manière certaine de visite lupine. Partout ailleurs, des traces ont été relevées, des reliefs de repas ont été retrouvés, des hurlements ont été entendus et enregistrés comme en Bretagne dans l'est du Morbihan en avril 2019.

« QUE FAIS-TU ? »

En trente ans, le chemin parcouru depuis le Mercantour est considérable. Cela est dû au phénomène de dispersion. En effet, devenu adulte, à partir de 2 ans, le loup peut quitter la meute pour trouver un nouveau territoire propice à fonder une nouvelle famille. Dans les Alpes, ce territoire s'étend sur 200 à 400 km^2. Pour cela, il peut parcourir plusieurs dizaines de kilomètres en une journée.

Mais ce retour n'est pas sans provoquer des craintes et des réactions parfois vives. D'une part, le loup tient une grande place dans l'imaginaire et la culture, et cela depuis très longtemps. Celle-ci est demeurée après la disparition physique de l'animal. Le moins que l'on puisse dire est qu'elle présente très souvent un être inquiétant, le fameux « grand méchant loup » des contes. Pourtant, le loup fuit l'homme la plupart du temps et s'avère un animal très circonspect. Ceux qui souhaitent le rencontrer en liberté savent qu'il est difficile et rare de réaliser un tel vœu. Il est capable de détecter, grâce à son odorat, la présence de l'homme très loin avec un vent et une atmosphère favorables, jusqu'à deux kilomètres ! L'histoire est pourtant pleine des ravages qu'il a accomplis[2]. Mais ont-ils tous le loup pour origine ? Un sophiste et rhéteur grec du IIe siècle après Jésus-Christ, Zénobios, dans ses *Proverbes*, constatait déjà : « On accuse le loup, coupable ou non. » Les explications sont nombreuses. Bien des attaques de loups contre des humains qui ont été relatées furent tout simplement inventées[3]. D'autres, réelles, furent le fait d'animaux atteints de la rage, ou encore de loups ayant été en contact étroit avec les hommes : ils les craignent moins de ce fait, et demeurent à la périphérie de leur espace de vie, car ils ne peuvent s'intégrer dans une

2. Cf. Jean-Marc Moriceau, *L'Homme contre le loup. Une guerre de deux mille ans*, Fayard, 2011.

3. Des exemples sont donnés par Jean-Marc Landry dans *Le Loup*, Delachaux et Niestlé, 2018.

meute et sont rejetés hors du territoire de celle-ci. Ainsi, durant plusieurs siècles, on a capturé des louveteaux pour les croiser, une fois devenus adultes, avec des chiens ou des chiennes, notamment pour la chasse. Ils étaient parfois relâchés[4]. Ces attaques pouvaient être aussi le résultat de conditions climatiques très rigoureuses occasionnant une diminution des ressources pour l'animal et la tentation d'aller chaparder de la nourriture dans les villes. C'est par exemple ce qui est noté au XVe siècle dans le *Journal d'un bourgeois de Paris* (1405-1449). Dans celui-ci, plusieurs agressions et décès consécutifs à ces dernières, sont relevées en région parisienne et même à Paris, où des loups affamés entrent à plusieurs reprises selon cette source[5]. Par ailleurs, on sait que le chien errant, ou encore un hybride chien-loup, souvent confondu avec le loup, seul ou en groupe, peut être très agressif envers des animaux domestiques et envers l'être humain. En outre, les attaques de loups ont pu masquer des meurtres et des morts violentes. En effet, le loup étant un charognard et un opportuniste, un cadavre abandonné en pleine nature avait de fortes chances de recevoir la visite de ses crocs carnassiers. Il existe des exemples historiques célèbres de cadavres ainsi mutilés : le duc de Bourgogne Charles le Téméraire, après sa mort au combat en 1477, les révolutionnaires Pétion et Buzot, après leur suicide en 1794. Cependant, il est étonnant d'observer les fortes disparités relatives aux agressions de loups selon les régions du monde. Dans certaines, des attaques sont mentionnées régulièrement, dans d'autres non. Le loup serait-il agressif à l'encontre de l'homme dans certaines régions ou dans certains pays et pas dans d'autres ? Le même phénomène peut être relevé pour les périodes de l'histoire. Ainsi, il est curieux de constater que les

4. Cf. « L'homme et le loup, une histoire tourmentée », dans *Le Loup. Un nouveau défi français*, sous la coordination d'Hervé Boyac, De Borée, 2017.

5. Sur l'ensemble de cette question pour la France, voir l'étude fouillée de Jean-Marc Moriceau, *Histoire du méchant loup. 10 000 attaques sur l'homme en France, XVe-XXe siècle*, Fayard/Pluriel, 2016 (1re édition : *Histoire du méchant loup. 3 000 attaques sur l'homme en France, XVe-XXe siècle*, Fayard, 2007).

archives de la Prusse au XVIIIe siècle ne mentionnent aucune mort d'être humain par des loups, tandis que la France à la même époque, étrangement, en déplore de nombreuses et tremble face aux sinistres exploits de bêtes anthropophages comme celle du Gévaudan. Depuis le retour du loup en France, aucune attaque contre un être humain n'a été recensée.

D'autre part, des oppositions fortes viennent du côté des chasseurs et surtout des éleveurs, notamment d'ovins, touchés par le retour du loup en raison des attaques sur les troupeaux. Son retour bouscule une profession fragilisée par la forte concurrence internationale et de la crise du monde agricole, lesquelles obligent à réduire fortement les coûts. En outre, elle s'était habituée à la disparition du grand prédateur. Dans certains cas, le nombre élevé de victimes et d'animaux blessés peut avoir un effet très démoralisant sur l'éleveur, qui ressent en outre un sentiment d'impuissance face à cette situation et nouvelle contrainte. C'est notamment vrai dans les cas de dérochement, lorsque les animaux paniqués par l'attaque d'un ou de plusieurs prédateurs tombent nombreux d'une hauteur et se tuent ainsi ou se blessent gravement, ou meurent étouffés par la masse des autres congénères apeurés ; ou encore quand il y a « *surplus killing* » ou « *over killing* », lorsque l'assaillant, excité par l'affolement qu'il provoque dans le troupeau, tue plus d'animaux qu'il ne peut en manger. Par ailleurs, les animaux des troupeaux qui ont subi des attaques manifestent un stress qui se traduit entre autres par une diminution des naissances. Le loup ajoute donc un défi important aux difficultés du pastoralisme en Europe, c'est-à-dire de l'élevage extensif qui utilise des pâturages, prairies naturelles et parcours. Pourtant, les autres pays européens semblent moins souffrir que la France du loup et de ses prédations, y compris les éleveurs, comme en Espagne, en Italie ou en Roumanie, alors que dans chacun de ces trois pays vivent de 2 000 à 3 000 loups. Dans plusieurs États, en France notamment, des abattages autorisés par les pouvoirs publics ont lieu, régulièrement ou occasionnellement, pour essayer de garantir une coexistence entre l'animal et les activités humaines, notamment l'élevage. À ces « prélèvements », terme pudique pour le moins euphémique, qui désigne les mises à mort de loups, s'ajoute le braconnage, une pratique illégale et une autre cause importante de la mortalité de cet animal. Ainsi, en Italie, celui-ci toucherait chaque année, selon des estimations, jusqu'à 15 % de la population lupine. Il convient d'observer au passage que le loup n'est pas le seul grand prédateur ou superprédateur animal en Europe, tout en demeurant le principal : le chien errant, l'ours et, dans une moindre mesure, le lynx peuvent s'attaquer aux mêmes proies.

En 2018, en France, 12 515 animaux domestiques ont été officiellement déclarés victimes du loup à l'occasion de 3 700 attaques. Un record ! En 2010, le nombre des victimes s'établissait à un peu plus de 4 000 et le nombre des attaques se situait au-dessus de 1 000. En quelques années, les chiffres ont donc largement triplé ! Avec l'expansion territoriale du prédateur, la crainte s'étend aujourd'hui à d'autres régions d'élevage en plein air. La gestion du loup sur un territoire n'est pas simple. Elle exige une bonne connaissance de l'animal, de ses pratiques, et la mise en place de différents moyens dissuasifs qui l'incitent à reporter ses attaques sur la faune sauvage. Tout cela en n'oubliant pas que, bien loin de l'image médiévale d'Ysengrin dans le *Roman de Renart*, le loup est un animal très malin, qui apprend vite et sait s'adapter à la complexité des situations et aux obstacles qu'il rencontre.

Son retour est donc un défi pour tous les territoires ruraux et pour les nombreux acteurs qui les font vivre. Il oblige à des réorganisations avec des perspectives renouvelées[6] ; ce qui ne va pas

6. Cf. la thèse de Farid Benhammou, soutenue le 22 novembre 2007 (spécialité : sciences de l'environnement, mention : géographie), intitulée « Crier au loup pour avoir la peau de l'ours. Une géopolitique locale de l'environnement à travers la gestion et la conservation des grands prédateurs en France. » Une synthèse de celle-ci rédigée par ce chercheur, « Territoire des animaux, territoire des hommes : aspects et enjeux du retour des grands prédateurs », a été publiée le 28 avril 2008 sur le site *Géoconfluences* (avec, parmi les liens, un renvoi vers cette thèse qui est accessible en ligne). Sur ce sujet également, de Jean-Marc Moriceau, *Le Loup en questions. Fantasme et réalité*, Buchet/Chastel, 2015.

sans conflits qui proviennent de perceptions, d'intérêts et d'enjeux divergents. En France, mais aussi dans d'autres pays européens, les pouvoirs publics tâchent de concilier des impératifs qui apparaissent comme étant souvent contraires: la protection de l'animal, sa liberté et plus généralement celle de la vie sauvage, avec la défense des troupeaux et du pastoralisme. Pour cela, ils mettent en place une observation précise de la population lupine. Le Réseau loup qui, en 2001, a fusionné avec le Réseau lynx pour former le Réseau loup-lynx, en est chargé dans le cadre de l'Office national de la chasse et de la faune sauvage. En 2018, ce réseau rassemblait 3 800 agents et correspondants dans les différentes régions. En outre, les pouvoirs publics indemnisent les éleveurs dont les troupeaux ont été victimes d'attaques de loups et versent des aides à la mise en place de mesures de protection qui entraînent entre autres une modification des pratiques (enclos nocturnes électrifiés, chiens de garde plus puissants comme le patou, le chien de montagne des Pyrénées, etc.). Tout cela (surveillance, indemnisations, aides, prélèvements) a un coût, en hausse constante, estimé à environ 30 millions d'euros en 2018. L'Union européenne, par l'intermédiaire du Fonds européen agricole pour le développement rural (FEADER), participe également au financement de la protection des troupeaux. Les différentes dispositions s'inscrivent dans le Plan loup, plus exactement dans le Plan national d'actions sur le loup et les activités d'élevage. Celui-ci prévoit la démarche et les actions sur plusieurs années, le dernier en date est le Plan loup 2018-2023. Il est établi conjointement par le ministère de l'Agriculture et de l'Alimentation et celui de la Transition écologique et solidaire. Ceux-ci agissent notamment grâce à des services de l'État, nationaux et régionaux. Il s'appuie sur des concertations, parfois émaillées de fortes tensions, avec les différents acteurs, aussi bien de l'élevage que de l'environnement et des territoires concernés. Avec l'augmentation du nombre de loups en France, l'une des questions sensibles est celle des quotas d'abattages. C'est ainsi que le 7 mars 2019, lors d'un rassemblement sur l'environnement et la transition écologique à Gréoux-les-Bains, dans les Alpes-de-Haute-Provence, le président de la République française, Emmanuel Macron, a déclaré que les quotas allaient être relevés en raison de cette augmentation, avec un taux de prélèvement maximum à 17 % de la population lupine estimée pour 2019. Les prélèvements avaient déjà été relevés en 2018 passant de 10 % à 12 %, soit de 43 à 51 loups. Dans le prolongement de cette annonce présidentielle, le 26 juillet 2019 un arrêté du ministère de la Transition écologique et solidaire et du ministère de l'Agriculture et de l'Alimentation a porté officiellement le taux de 10 % à 17 % (chapitre II, article 5), avec la possibilité d'une majoration pouvant atteindre les 19 %. Presque un sur cinq ! Le chef de l'État a également précisé que le loup ne sera pas éradiqué, il entend préserver l'espèce, et que la politique d'équilibre menée est conduite avec souplesse, en fonction de la réalité du terrain.

Le « prélèvement » est critiqué par ses opposants pour plusieurs raisons. D'une part, c'est rarement l'animal responsable des prédations qui en fait les frais. La riposte fatale vise le plus souvent indistinctement les loups des parages. D'autre part, il est susceptible de déstructurer la meute concernée, quand il ne s'agit pas d'un animal solitaire. L'éclatement du groupe qui peut en résulter fragilise les individus survivants qui auront tendance à solliciter davantage les ressources de l'élevage, une solution de facilité pour chacun d'eux. Ce qui conduit donc à un résultat contre-productif. Enfin, il met en péril la viabilité de l'espèce dans le pays quand son taux est élevé et vient s'ajouter à d'autres causes de mortalité non naturelles de l'animal : braconnage, abattage illégal, accident.

« Entends-tu ? »

En effet, le loup ne manque pas de défenseurs ! Loin de là ! En septembre 2013, selon un sondage de l'Institut français d'opinion publique (IFOP), intitulé « Les Français et le loup », 76 % des personnes interrogées étaient d'accord avec la phrase suivante : « Un animal comme le loup a sa place dans la nature en France », et 80 % s'affirmaient contre son éradication. Tous ceux qui œuvrent activement pour la protection de la nature, contre la dégradation de l'environnement, pour une empreinte écologique de l'homme sur la terre plus légère, sont en général du côté du loup. De nombreuses associations ont pris résolument sa défense, parmi lesquelles le WWF (World Wide Fund), l'Aspas (Association pour la protection des animaux sauvages), Cap Loup, Ferus, France nature environnement, et bien d'autres. S'y ajoutent tous ceux qui admirent l'animal pour des raisons multiples. Il peut être une figure emblématique de la vie sauvage, dans le sens d'une existence plus authentique et plus naturelle, comme l'expose Clarissa Pinkola Estés, analyste jungienne (psychologie analytique), dans son best-seller, *Femmes qui courent avec les loups. Histoires et mythes de l'archétype de la femme sauvage*, dont l'édition originale est parue en 1992[7]. Pour elle, les loups et les femmes ont de nombreuses similitudes. Elle précise également, dans l'introduction à son ouvrage, que c'est durant son étude des loups qu'est né son concept de l'archétype de la femme sauvage. Le texte de la quatrième de couverture du livre comprend le passage suivant qui a été très souvent repris, car il donne une bonne synthèse : « La femme qui récupère sa nature sauvage est comme les loups. Elle court, danse, hurle avec eux. Elle est débordante de vitalité, de créativité, bien dans son corps, vibrante d'âme, donneuse de vie. »

7. Livre de Poche, 2001.

L'attraction qu'exerce le loup est souvent mystérieuse. Elle peut susciter des passions et des engagements forts. C'est le cas de la pianiste Hélène Grimaud, qui raconte ainsi son premier contact avec l'animal, plus précisément avec la louve Alawa, alors que la paume de sa main touche la tête de l'animal[8], un moment décisif d'une exceptionnelle intensité : « J'ai ressenti une étincelle fulgurante, une décharge dans tout le corps, un contact unique qui a irradié tout mon bras, ma poitrine et m'a emplie de douceur. [...] et qui a élevé en moi un chant mystérieux, l'appel d'une force inconnue et primordiale. » Cette rencontre, une « reconnaissance mutuelle » dit-elle dans un entretien[9], suscite un intérêt très fort, ardent et enthousiaste, pour l'animal qu'elle étudie de manière approfondie, notamment en suivant des cours d'éthologie à l'université. Elle obtient un diplôme afin de pouvoir ouvrir aux États-Unis, à South Salem dans l'État de New York, en 1999, le Wolf Conservation Center, pour étudier et promouvoir la protection du loup. Ce centre, qui s'étend sur environ 11 hectares (28 acres), aide aussi à la préservation d'espèces menacées comme le loup rouge (*Canis rufus*) et le loup du Mexique (*Canis lupus baileyi*), dans le cadre de programmes des autorités fédérales. Il offre également une action éducative auprès des jeunes générations et à ses visiteurs.

D'autres personnes encore, et cela dès la prime enfance, sont tout simplement fascinées par le regard du loup, par son pelage, son allure, ses hurlements, son existence aussi bien collective, au sein de la meute, qu'individuelle lorsqu'il s'agit d'un « loup solitaire ».

---

8. Dans *Variations sauvages*, Pocket, 2004. Il est aussi beaucoup question du loup dans un autre de ses ouvrages : *Retour à Salem*, Livre de Poche, 2015.

9. « Une louve parmi les loups », *Télérama* n° 2608, 8 janvier 2000.

De nouvelles recherches

Le premier stade de mes recherches sur le loup a été publié en 1986 aux éditions Archè sous le titre *Le Symbolisme du loup*. Il s'agissait d'un modeste ouvrage de 79 pages dont le tirage a été épuisé en peu d'années. Ces travaux présentaient l'originalité d'aborder l'animal sous l'angle des mythes, des légendes et du symbolisme avec des éléments historiques. Ce livre avait le mérite, me semble-t-il, d'approfondir ce qui était évoqué succinctement dans d'autres ouvrages sur cet animal. De fait, il était alors le seul entièrement consacré à cette perspective. À l'époque, l'intérêt pour le loup, avec une approche bienveillante, était à la fois récent et croissant. Dans les années 1960 et 1970, en France, Gérard Ménatory (1921-1998) avait effectué un travail de pionnier. En 1969, il publiait *La Vie des loups* aux éditions Stock. En 1985, il ouvrait le premier parc à loups accessible au public, le plus grand d'Europe (une vingtaine d'hectares), le parc « Les Loups du Gévaudan », à Sainte-Lucie, non loin de Marvejols en Lozère. Celui-ci est aujourd'hui un des atouts touristiques de cette région avec 70 000 visiteurs en 2017 et le deuxième site le plus visité du département derrière la grotte de l'Aven Armand. À partir des années 1980, on note un accroissement des parutions consacrées au loup. Parmi celles-ci, les excellents ouvrages de Claude-Catherine et Gilles Ragache, *Les Loups en France* (Aubier, 1981), Daniel Bernard, *L'Homme et le loup* (Berger-Levrault, 1981), Paul-Émile Victor et Jean Larivière, *Les Loups* (Fernand Nathan, 1982)[10] ; tandis que l'historien et médiéviste Robert Delort est l'auteur d'un article substantiel, « La guerre du loup », dans la revue *L'Histoire* (n° 53, février 1983), dans lequel il constate en conclusion l'évolution en cours du regard porté sur l'animal : « On en revient au

10. Le présent ouvrage ne comporte pas de bibliographie. De nombreux livres et articles ont été très utiles pour mes recherches et ma réflexion. La majeure partie d'entre eux sont cités dans les notes.

loup craint, certes, mais aussi respecté, des temps antiques. » Par la suite, les publications se multiplient, livres et articles ; en outre, plusieurs thèses en rapport avec cet animal sont soutenues dans différentes disciplines. L'augmentation est encore plus notable après le retour du loup en France et en Europe occidentale. Parmi les nombreux chercheurs spécialistes de cet animal, citons pour la France l'ethnozoologue et éthologue Geneviève Carbone, l'historien, spécialiste de l'histoire rurale, Jean-Marc Moriceau[11], aux États-Unis, dès les années 1960, le zoologiste Lucyan David Mech, en Italie, le zoologiste Luigi Boitani, ou encore, depuis les années 1990, l'éthologue suisse Jean-Marc Landry.

En 1997 paraissait la 2e édition de mes recherches aux éditions Le Courrier du Livre avec un intitulé modifié : *Le Loup. Mythes et traditions*. Celle-ci reprenait en l'étoffant la première version. Le tirage fut aussi épuisé en quelques années, puis ce travail mis de côté. Ces dernières années, je m'y suis de nouveau remis et je l'ai complètement repris. Des lacunes ont été comblées, par exemple concernant les Amérindiens ; en effet le loup tient un rôle important dans les traditions de nombreux peuples, ou nations pour reprendre un terme davantage employé, d'Amérique du Nord. Des améliorations ont été apportées, des passages ont été supprimés, d'autres reformulés, d'autres encore approfondis, tandis que certains demeurent. L'introduction et la conclusion ont été entièrement changées. Enfin, deux nouvelles parties ont été ajoutées. Il faut dire que depuis 1997 des découvertes scientifiques, dans le domaine de la génétique, en archéologie et dans d'autres disciplines, ont apporté des éléments nouveaux passionnants qui enrichissent considérablement notre sujet et qui ouvrent bien des perspectives. On peut donc considérer qu'il s'agit presque d'un nouveau livre.

---

11. Qui accomplit sur ce sujet un travail de recherches universitaires considérable, en lien avec de nombreux chercheurs, à la tête du Pôle rural de la Maison de la recherche en sciences humaines de Caen (université de Caen et CNRS).

La relation de l'homme au loup dans l'Histoire

Le cœur de cet ouvrage est la relation de l'homme au loup au fil de l'histoire. Elle s'est révélée complexe et changeante au cours du temps. Les pages qui suivent exposent les représentations nombreuses qui rendent compte de cette relation, mais aussi des traductions concrètes de celles-ci dans le vécu des communautés humaines.

Qu'y a-t-il de mystérieux là-dedans, peut-on se demander à la lecture du titre de l'ouvrage ? Cet intitulé est le résultat d'une constatation qui s'est dégagée lors de l'étude de l'ensemble du sujet. Ce mystère se rapporte non pas tant au loup lui-même, d'un point de vue zoologique, que l'on continue d'étudier afin de mieux le connaître, mais à son image dans différentes sociétés et diverses périodes. Il prend sa source et sa consistance dans l' histoire extrêmement longue de cette relation et dans une puissante fascination aux nombreux contours. Fascination des êtres humains pour cet animal, qu'elle prenne la forme d'une attraction qui peut aller jusqu'à la passion ou à l'identification, ou au contraire d'un rejet absolu et obstiné. Cette fascination plonge ses racines dans des tréfonds de l'âme humaine qui nous échappent, mais aussi, comme nous le verrons, dans un compagnonnage dont l'origine se perd dans la nuit des temps. Elle mêle le proche et le lointain, le connu et l'inexploré, l'attirance et la crainte. Elle nous parle à travers des mythes, des légendes, des rites et des récits. Elle perce dans des aventures et des expériences extraordinaires allant jusqu'aux confins fluctuants et incertains de notre condition humaine, parfois même au-delà… Elle porte d'autres questions qui nous taraudent, finalement depuis toujours, à savoir notre relation avec la nature, la nôtre et celle qui nous entoure, avec l'animal et plus particulièrement l'animal sauvage, et sans doute, par-delà, encore d'autres interrogations, philosophiques, sur la civilisation, sur la domesticité et la liberté. Finalement, le loup éveille en nous bien des questions cruciales pour notre existence individuelle et collective. Certaines affleurent à notre conscience, d'autres se meuvent dans nos obscures profondeurs. Voilà pourquoi, il ne nous lâche pas, ou plutôt nous ne le lâchons pas ! Depuis si longtemps ! Voilà pourquoi, il est mystérieux et fascinant ! Essayons d'y voir plus clair dans l'écheveau des siècles et des traditions !

I. De la fin d'un monde au commencement d'un autre

Tyr et Fenrir

Un mythe scandinave

Un des plus célèbres mythes scandinaves[12] raconte comment les dieux – appelés les Ases – élevèrent un loup, nommé Fenrir, alors qu'ils savaient que celui-ci occasionnerait leur fin et notamment celle du premier d'entre eux, Odin. Toutefois, ils ne voulurent pas le tuer par respect pour leur sanctuaire et pour ne pas le souiller de son sang, nous apprend un des principaux textes de cette tradition, la *Gylfaginning* (chapitre 34). Mais, chaque jour, l'animal grandissait, devenait plus fort, plus inquiétant et plus menaçant. Le seul dieu qui osait le nourrir était Tyr.

Cependant, le loup devint tellement fort que les dieux se résolurent à l'enchaîner pour conjurer la prophétie et se protéger. Mais, sa puissance était telle qu'il brisa facilement la première chaîne. La seconde ne résista pas plus. Rien ne semblait pouvoir entraver sa force terrifiante. Alors, les Ases demandèrent aux nains forgerons de construire une chaîne magique. Ceux-ci accomplirent un prodige en réalisant l'inconcevable. La chaîne était en effet vraiment extraordinaire. Souple, lisse, légère, elle ressemblait à un simple ruban, mais aucun dieu ne parvint à la rompre ! Elle était constituée d'éléments incroyables : de bruits de pas de chats, de barbes de femmes, de racines de montagnes, de nerfs d'ours, d'haleines de poissons et de salives d'oiseaux ! Même son nom était une énigme s'opposant à tout entendement, Gleipnir, « celle qui est ouverte » !

---

12. Les extraits des textes scandinaves proviennent, sauf indication particulière, de l'ouvrage *Les religions de l'Europe du Nord. Eddas - sagas - hymnes chamaniques*, textes traduits et présentés par Régis Boyer et Éveline Lot-Falck, Fayard-Denoël, 1974. Autre ouvrage également utilisé pour cette partie : Rudolf Simek, *Dictionnaire de la mythologie germano-scandinave*, Porte-Glaive, 2 tomes, 1996.

Les dieux attirèrent Fenrir sur une île déserte et le mirent au défi de briser cette chaîne comme les précédentes. Le loup géant se méfiait. Il exigea qu'un dieu place sa main dans sa gueule en gage. Seul Tyr eut encore suffisamment de courage pour le faire. Il tendit sa main droite et la mit résolument entre les crocs du monstre.

Illustration 1 : reproduction d'une bractéate (pièce de monnaie ou médaille germano-scandinave du Ve ou du VIe siècle, l'original est en or) trouvée dans le Schleswig et conservée à Hambourg. La main droite de Tyr est placée dans la gueule de Fenrir.

Gleipnir résista aux efforts de Fenrir qui fut ainsi enchaîné. Les dieux, soulagés, éclatèrent de rire, sauf Tyr. Le loup lui avait arraché la main !

Ce n'est qu'au Ragnarök, « destin des dieux (ou des puissances) », la fin de ce monde parfois nommée « crépuscule des dieux » – un thème et un nom repris par Richard Wagner pour un de ses opéras –, que la chaîne se rompt. Fenrir détruit alors le monde et devient le fossoyeur des hommes et des dieux.

Tyr, un dieu mutilé par un loup

Le nom Tyr provient de l'indo-européen **deiwo*[13] qui désigne le ciel diurne, le ciel lumineux. De ce mot sont notamment issus le nom du dieu védique Dyaus, le ciel, mais aussi Zeus et Jupiter, le mot français dieu, du latin *deus*, mais également le jour en latin, *dies*. C'est donc un nom dont l'ancienneté et la postérité montrent toute l'importance. D'ailleurs, en vieux norrois, autrement dit en vieil islandais, au Moyen Âge, *tyr* signifie tout simplement « dieu ».

Snorri Sturluson, un poète islandais du Moyen Âge (1179-1241), à qui nous devons une partie importante de ce qui nous est parvenu de la mythologie scandinave, dans son *Edda*, vante sa bravoure, sa hardiesse et son courage. Il apparaît comme une divinité guerrière également associée à la justice et à l'ordre. Il occupe avec Odin la première fonction, sacerdotale et souveraine. Son sacrifice assure ou plutôt sauve pour un temps l'ordre du monde.

À la grandiose bataille qui clôt le cycle – point d'orgue du Ragnarök, dans la plaine de Vígríd, juste avant l'embrasement final du monde par le géant du feu Surt – au cours de laquelle les forces lumineuses emmenées par Odin et les forces ténébreuses conduites par Loki et Fenrir s'entretuent, Tyr lutte contre Garm, « Hurleur », le chien des Enfers, le Cerbère scandinave, en qui on peut voir un double du loup titanesque. Avec son unique main, il étrangle le monstre. Mais celui-ci le blesse mortellement. Ainsi s'annihilent et périssent des figurations du ciel lumineux et des ténèbres lors de la dissolution du cycle.

---

13. L'astérisque signifie qu'il s'agit d'une reconstruction d'un état antérieur et non d'une forme attestée historiquement.

Fenrir, un loup parmi les géants

Fenrir est le fils de Loki et de la géante Angerboda. Sa sœur, Hel, règne sur le royaume des morts. Il est aussi le frère de Jormungandr, « énorme monstre », un gigantesque serpent marin qui entoure le monde des hommes. Thor met à mort ce dernier au Ragnarök, le dieu nordique au marteau meurt lui-même juste après, empoisonné par le venin du serpent.

Loki, fils d'un géant, est un perpétuel fauteur de troubles. En son for intérieur, il déteste les Ases et s'emploie, à chaque occasion, à leur causer des préjudices. Il est par exemple, par jalousie, à l'origine de la mort de Balder (ou Baldr), un dieu associé à la lumière et à la beauté, figuration de la pureté des premiers temps, et ainsi de l'exil hors du monde que représente celui-ci.

Quant aux géants, ce sont les forces originelles. L'un des plus célèbres récits de la mythologie scandinave, la *Völuspá*, « prophétie de la voyante », commence en les évoquant : « Je me rappelle les géants, nés à l'origine. »

Ils résident le plus souvent à Jötunheim, « royaume des géants », qui est également le nom d'un massif montagneux de Norvège. S'y trouve la forteresse Utgard, « enclos-du-dehors ». Les géants rêvent d'envahir Midgard, « enclos-du-milieu », où vivent les hommes et au centre duquel trône Asgard, « enclos-des-Ases ». Enfin, ils sont très souvent localisés à l'est du monde. Cette orientation indique également, de manière symbolique, leur antériorité, car l'est est la direction du lever du soleil et analogiquement du début d'un cycle, donc du commencement d'un monde.

Les géants sont violents et pas très malins. Les dieux les trompent fréquemment par des ruses et des artifices. Toutefois, quelques-uns d'entre eux possèdent un grand savoir et même de la sagesse, car ils conservent la mémoire des origines. Ainsi, Odin affronte dans un dialogue le savoir du géant Vafthrudnir, « fort à l'embrouille », relaté dans un livre nommé *Vafthrudnismal*. En partant pour ce duel, le dieu borgne confie à Frigg, sa femme :

« Très curieux/Je suis de l'ancien savoir/Que possède ce très sage géant. »

Pourtant, et cela peut paraître quelque peu paradoxal, les dieux descendent des géants. Mais ils figurent une tout autre génération, quasiment une mutation. La mythologie grecque comporte une évolution similaire entre les titans, la génération issue d'Ouranos, et les Olympiens dévoués à Zeus, petit-fils d'Ouranos. Dans cette tradition également, les conflits entre les deux groupes sont nombreux. Il est à noter que des céramiques grecques, qui datent du tout début du ve siècle avant Jésus-Christ, représentent des géants recouverts de peaux de loup en lutte contre les dieux olympiens, en l'occurrence Zeus et Athéna[14].

Dans la mythologie nordique, les loups sont souvent associés aux géants ou issus d'eux. Ils sont nommés « chevaux gris de la géante ». Pour lancer le bateau funéraire de Balder, les dieux demandent l'aide de la géante Hyrrokkin qui se déplace en chevauchant un loup. Les récits mythologiques mentionnent aussi d'autres loups, notamment Skoll, « raillerie », et Hati, « haineux », ce dernier étant lui-même fils de Hrodvitnir, « loup glorieux ». Le premier poursuit le soleil et l'avale lors du Ragnarök. Le second agit pareillement avec la lune. La *Gylfaginning* (chapitre 11) dit à leur propos qu'à l'est du monde des hommes, dans une forêt nommée Jarnvid, « bois-de-fer », vit une géante qui donne naissance à des fils de géants qui ont la forme de loups, comme Skoll et Hati. La *Völuspá* indique (strophe 40) qu'il s'agit de « la race de Fenrir ».

L'engloutissement d'Odin par Fenrir peut surprendre. En effet, Odin règne en maître sur les loups. Il inspire les *ulfhednar*, « hommes-loups », sur lesquels nous reviendrons par la suite. Toujours à ses côtés, les loups Geri, « Glouton », et Freki, « Vorace », se régalent des morceaux que le dieu borgne leur donne.

14. Cf. Carla Mainoldi, *L'image du loup et du chien dans la Grèce ancienne, d'Homère à Platon*, Ophrys, 1984.

Pour Jacques Voisenet[15], ces deux loups représentent le principe de destruction. Ils s'opposent, assure-t-il aussi, aux deux corbeaux également compagnons du dieu, Hugin, « pensée » ou « esprit », et Munin, « mémoire », qui eux incarneraient le principe de création. Cela nous conduit à voir en Odin un point d'équilibre de forces antagonistes qu'il rassemble grâce à son immense savoir, à sa sagesse et aux pouvoirs qu'il détient. De cet équilibre, qu'il incarne, naît une vie ordonnée, constructive, à la fois apaisée et en tension. Il n'est pas sans intérêt de noter à cet égard que, selon la tradition scandinave, Odin et ses frères, Vili et Vé, sont les créateurs non seulement du monde, mais aussi de l'humanité ainsi que des nains et des elfes.

Odin contrôle ses loups. Ils lui sont même entièrement dévoués. Ils ont ainsi une place dans l'ordre du monde. Pourtant, le dieu nordique est aussi *ulfs bagi*, « ennemi du loup », c'est-à-dire de Fenrir. Celui-ci met fin à ses jours. La destruction extrême finit par l'emporter, mais cela précipite également la mort de celle-ci, effrayant prélude à un renouvellement complet du monde.

L'âge du loup

Selon la *Völuspá*, la fin du cycle est le « temps (ou âge selon les traductions) du loup (ou des loups) » (strophe 45). Le texte répète « La bête va bondir », en parlant du loup géant que les dieux ont réussi à enchaîner. Mais, nous disent les écrits scandinaves, lorsque la violence et le chaos envahissent le monde, tous les liens se brisent, même Gleipnir. Fenrir est alors pleinement libre. Il rassemble les « monstres » et ravage le monde dans sa totalité,

---

15. *Bestiaire chrétien. L'imagerie animale des auteurs du Haut Moyen Âge (Ve-XIe s.)*, Presses universitaires du Mirail, 1994.

« la mâchoire inférieure contre la terre, la supérieure contre le ciel » (*Gylfaginning*, chapitre 50).

Dans la cité des dieux, c'est le branle-bas de combat. Tous se rassemblent, les Ases, mais aussi les Einherjar, « Ceux qui constituent une armée » (au singulier Einheri), appellation qui désigne les guerriers humains morts en héros au combat. Au cœur de la bataille qui s'ensuit, dans la plaine de Vígríd, ont lieu des affrontements titanesques : Odin contre Fenrir, Tyr contre Garm, Heimdall contre Loki, Thor contre Jormungandr.

Et ce qui était prédit, bien qu'incroyable, se produit alors : le loup géant, dévorateur du monde, engloutit le dieu suprême, parfois surnommé Alfadir, « Le père de tout » !

Ainsi, celui qui est à l'origine de tout disparaît avec le monde qu'il a organisé. Durant un instant, on peut croire que le monde est définitivement conquis par les ténèbres et abandonné au chaos. Mais, Vidar, « Celui qui règne au loin », un fils d'Odin, met à mort le loup.

Les fils des dieux survivent, des humains aussi. Une nouvelle génération prend donc la relève. Un nouveau cycle et un nouveau monde commencent, une nouvelle terre surgit de l'océan, annonce la *Völuspá*. Sol, le soleil, juste avant d'être avalé par Skoll, donne naissance à un autre soleil qui lui succède. Balder, incarnation de l'âge d'or, revient parmi les vivants.

Le loup symbolise donc, dans la tradition scandinave, les forces obscures, élémentaires et très anciennes, qui menacent, puis détruisent le monde. Ces puissances sont présentes quasiment dès l'origine. Avec les différentes parties du corps d'Ymir, ancêtre des géants, les dieux bâtissent le monde. Mais, ces puissances, bien que mises à distance, surveillées, sont une menace constante. Loin de s'affaiblir, elles semblent même s'accroître au fur et à mesure du déroulement du cycle, si l'on prend le cas de Fenrir. En effet, celui-ci grandit jusqu'à devenir tellement gigantesque qu'il se trouve en mesure de tout engloutir entre terre et ciel ! Inéluctablement.

Illustration 2 : motif scandinave sculpté sur une croix dans l'île de Man (croix de Thorwald dans l'église Saint-André d'Andreas, xe siècle). Il représente le loup Fenrir avalant Odin armé de sa lance Gungnir et que surmonte un de ses corbeaux.

Longtemps infime, cette puissance dévastatrice se développe et devient un danger préoccupant, puis mortel pour tous. Pourtant nul ne songe à tuer Fenrir ou Loki, pour ne pas souiller par leur sang l'espace des dieux (*Gylfaginning*, chapitre 24). Seul Thor menace d'occire Loki au cours d'une dispute et affronte le serpent géant Jormungandr sans succès, car son auxiliaire se dérobe, emporté par sa frayeur. La seule parade que les dieux utilisent consiste à isoler Fenrir et Loki en les enchaînant. Solution provisoire qui n'arrête pas le destin, mais qui préserve une stabilité relative, ainsi qu'un ordre et une paix temporaires.

En somme, les forces qui causent la destruction et la mort sont présentes au sein du vivant. Plus encore, elles se renforcent au fur et à mesure du déroulement d'un cycle jusqu'au moment où elles sonnent le glas d'un monde. Cela explique sans doute que dans la mythologie nordique, comme dans bien d'autres traditions, ces puissances, bien que clairement identifiées, ne sont pas anéanties par les figurations de la lumière, et par-delà, bien sûr, de la lumière spirituelle. On peut s'en étonner. Il y a là pour ces sociétés une grande loi de notre existence en ce monde, à savoir la coexistence non pacifique de forces opposées, certaines constructrices et positives, d'autres destructrices et négatives, qui s'entre-déchirent sans cesse jusqu'au paroxysme, lequel correspond à l'effondrement final. Il arrive, l'histoire nous le montre, que l'une des forces l'emporte temporairement sur l'autre. C'est alors, selon les cas, un temps de paix et de prospérité, ou au contraire de guerres, de désolation et de malheurs. L'équilibre est toujours passager. L'incertitude du lendemain est toujours présente. Cela apparaît comme une fatalité et nous est donné comme un mystère dont le sens profond résiste à notre entendement. Comment ne pas opérer un rapprochement avec une parabole évangélique : celle du bon grain et de l'ivraie (*Matthieu* 13, 24-30) ? Un homme sème de bonnes graines dans un champ, mais la nuit un ennemi vient y mettre de la mauvaise herbe, nuisible. Faut-il la détruire ? Non, dit le propriétaire du champ, pour ne pas arracher aussi les bonnes plantes. Cela, annonce-t-il, se fera à la moisson, donc à la fin d'un cycle agraire. Ce récit nous montre une analogie parfaite avec notre sujet : antagonisme, croissance de celui-ci, mort et renouvellement, comme l'histoire de Fenrir et des Ases, et du Ragnarök...

Cependant, l'élément décisif, dans l'avènement de l'âge du loup, vient du monde des hommes. Mais peut-on le séparer des autres mondes ? Peut-être ne fait-il qu'extérioriser ce qui est déjà présent ailleurs ? En effet, outre des anomalies cosmiques, en l'occurrence l'absence du soleil et trois hivers qui se succèdent, ce qui caractérise cet âge final ce sont les guerres fratricides, le déshonneur, l'appât meurtrier du gain qui déchirent le monde des hommes. « Avant que le monde ne s'effondre ; personne n'épargnera personne », prédit la *Völuspá* (strophe 45). Les humains ont ainsi leur part de responsabilité dans le déchaînement cataclysmique des forces obscures.

L'âge du loup est l'équivalent nordique de l'âge de fer grec, évoqué par Hésiode, du *kali-yuga*, l'âge des conflits de la tradition hindoue. Ce temps de la fin est celui où certaines caractéristiques attribuées au loup sont les valeurs qui dominent le monde, en l'occurrence la voracité, il faut comprendre la boulimie destructrice de la matière, et l'instabilité.

Il est remarquable que celui qui met à mort le loup Fenrir, Vidar, fils d'Odin, mène son existence à part dans la forêt, à l'écart des autres dieux. Son nom signifierait « Celui qui règne au loin ». On le surnomme le « silencieux ». Sa discrétion et son silence ont été rapprochés par des auteurs d'abstinences rituelles. Il représente une nouvelle génération qui se tient en marge, en réserve en quelque sorte, qui se préserve et se prépare à agir de manière décisive pour permettre l'avènement d'un nouveau printemps.

Nous avons là une excellente illustration de ce que l'on peut constater dans différentes traditions, à savoir qu'un personnage d'un récit mythologique peut exprimer une réalité d'ordre intérieur, autrement dit spirituelle. Bien plus qu'une simple histoire extraordinaire, ce récit, comme d'autres, transmet un savoir profond sur l'existence humaine, visible et invisible. En effet, sont présentés d'un côté l'appétit et la prédation qui concourent à la destruction et à une fin, que figure Fenrir, et de l'autre, le silence, une vie dans les marges discrètes du monde, à l'écart de celui-ci, dans la forêt, en somme une existence virginale par rapport au monde ancien. C'est cette dernière qui permet de vaincre définitivement la fureur du loup et d'initier un nouveau cycle. Le silence est un retrait du monde, de son actualité, de son agitation, mais aussi un passage à une écoute plus profonde et d'une bien plus grande portée, à un recentrage et à une concentration sur l'intériorité, ainsi qu'une ouverture aux autres mondes. C'est là un thème exprimé dans toutes les traditions du monde et central dans toute spiritualité. Au VIIe siècle, un mystique chrétien, Isaac le Syrien (aussi appelé Isaac de Ninive) a écrit que « le silence est le mystère du siècle à venir »[16], c'est-à-dire du temps où le Christ règnera souverainement. Il est d'ailleurs remarquable que dans la suite de cet extrait, son auteur associe le silence et le jeûne, deux démarches d'abstinence par rapport au monde, qui rendent, nous dit-il, « l'âme semblable à la nature spirituelle ». Vidar, finalement, illustre bien ce principe.

Un autre aspect très intéressant de ce dieu, en relation avec cette question, a été mis en évidence par Georges Dumézil[17] : son lien avec l'espace. Le linguiste et historien des religions observe d'une part que la gueule de Fenrir occupe tout l'espace, en effet la *Gylfaginning* nous dit à son propos que lors du Ragnarök (chapitre 51) : « Le loup Fenrir marchera la gueule béante, la mâchoire inférieure rasant la terre et la mâchoire supérieure touchant le ciel, et il l'ouvrirait davantage encore s'il y avait la place. » En somme, rien n'échappe à la destruction totale qu'il

16. « Troisième lettre », *Œuvres spirituelles*, Desclée de Brouwer, 1981.

17. Dans « Le dieu scandinave Vidarr », *Revue de l'histoire des religions*, tome 168, n° 1, 1965.

apporte. D'autre part, pour le terrasser, nous rapporte le même texte, Vidar mettra un pied sur la mâchoire inférieure du monstre et avec une main il saisira sa mâchoire supérieure.

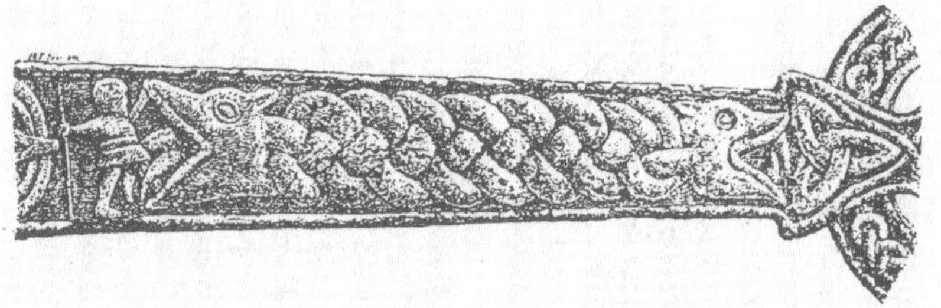

Illustration 3 : bas-relief d'une croix du cimetière de l'église Sainte-Marie à Gosforth (comté de Cumbria, anciennement comté de Cumberland) datée du xe siècle. Lutte et victoire de Vidar contre Fenrir.

Illustration 4 : détail. Vidar pose son pied sur la mâchoire inférieure de la gueule du loup et de sa main gauche saisit la mâchoire supérieure.

C'est pourquoi, Georges Dumézil affirme : « Le rapport du dieu est clair avec l'espace vertical : en cette occasion au moins, lui seul est capable, entre son pied et sa main, d'égaler l'écartement des deux mâchoires monstrueuses, lui-même maximum, coextensif à toute la hauteur d'espace disponible. » On pourrait même ajouter qu'il augmente encore cet espace pour mettre à mort Fenrir.

La forme géométrique de l'image qui nous est donnée est donc celle de la verticalité ou d'une verticalisation qui seule est en mesure de s'opposer victorieusement à l'anéantissement qu'apporte le loup, en se dressant face à lui. De nombreux symboles dans toutes les traditions témoignent du symbolisme de la verticalité, comme la montagne, la colonne, l'arbre, l'échelle, la cheminée, le bâton, et bien d'autres. Il exprime le lien entre la terre et le ciel, entre notre monde et d'autres mondes, le visible et l'invisible, le matériel et le spirituel. Il correspond aussi à l'*axis mundi*, l'axe du monde qui relie les différentes parties de l'univers. Il est associé au très riche symbolisme du centre, lequel est à la fois cœur ainsi qu'espace, qui met en relation, qui reçoit et redistribue[18]. Enfin, la verticalité est élévation et transcendance. Elle invite à l'ascension. Vidar figure donc aussi cette verticalité et tout ce qu'elle signifie symboliquement. C'est un enseignement sur ce qui permet de vaincre ce que représente Fenrir, qui nous est ainsi offert dans la tradition nordique.

La gueule des Enfers

Fenrir est à la tête des armées infernales. Il est frère de Hel, la gardienne des Enfers. L'association du loup et des Enfers se retrouve aussi dans la mythologie grecque. La louve de Mormolycé, dont on menaçait dans l'Antiquité les enfants dissipés, fut, dit-on, la nourrice d'Achéron, l'un des fleuves entourant les Enfers. Hadès, maître du royaume souterrain, se revêt parfois d'un manteau en peau de loup. Autre exemple, le voyageur et géographe de l'Antiquité Pausanias rapporte, dans sa *Description de la Grèce* (livre VI, chapitre 6), un récit de la ville de Témèse en Italie du Sud (qui fut la Grande Grèce) en lien direct avec notre sujet. Un démon, l'esprit d'un compagnon d'Ulysse qui avait été lapidé pour

18. Je développe ce sujet dans mon ouvrage *La Royauté et le sacré*, Cerf, 2016.

avoir violé une vierge, hantait la ville. Il finit par être vaincu et rejeté dans la mer. Pausanias relate avoir vu une peinture représentant ce démon : « Sa couleur était d'un noir effrayant et sa forme tout entière ce qu'il y a de plus terrifiant ; il portait une peau de loup comme vêtement. » À celle-ci, s'ajoute une inscription qui le désigne comme étant Lykas, nom qui provient de celui du loup en grec, *lykos*[19].

Plus au nord, toujours dans la péninsule italienne, chez les Étrusques, le dieu des Enfers, Aita, est coiffé d'une tête de loup.

Illustration 5 : représentation de l'Hadès étrusque, Aita, coiffé d'une tête de loup. D'après une peinture de la Tomba dell'Orco à Corneto (qui se nommait dans l'Antiquité « Tarquinii »).

19. En grec : « λύκος ». Les différentes transcriptions (*lykos*, *lukos*, *lycos*) viennent de ce que la lettre upsilon a donné le « y », ainsi que le « u », et que la lettre kappa a été souvent remplacée par le « c ».

Dans la même tradition, des motifs sur des urnes cinéraires[20] mettent en scène de très étranges cérémonies. On y voit un être, mi-homme, mi-animal, souvent avec une tête de loup, en train de surgir d'un puits. Il est parfois attaché. Cette irruption effraie une partie des assistants, d'autres s'apprêtent à le combattre.

Illustration 6 : dessin d'une scène représentée sur une urne étrusque conservée au musée national d'archéologie d'Ombrie à Pérouse.

Le puits est un canal qui permet la communication avec le monde infernal – étymologiquement « qui est en dessous ». Il est clair que l'être à la tête de loup en provient. Cela nous incite à

20. On peut en voir des exemples en Italie au musée archéologique national de Florence, au musée archéologique national d'Ombrie à Pérouse et au musée étrusque de Volterra.

l'assimiler à un démon. Est-ce un rituel ? Ou bien l'évocation d'un mythe ou d'une légende ? La pluralité des scènes représentées nous suggère une évolution. En effet, sur certaines urnes le corps est entièrement celui d'un loup. Sur d'autres, on peut observer un mélange, dans des proportions variables, entre le corps humain et celui d'un animal. Il semble que cet être infernal tente d'entraîner un humain. Une lutte s'ensuit tandis qu'un officiant déverse le contenu d'une coupe sur le monstre. Peut-être que la transformation graduelle du loup en un être humain indique la victoire des hommes sur des forces obscures ?

Au Moyen Âge, certains furent plus catégoriques. C'est le cas de Pierre de Beauvais, au début du XIIIe siècle, qui écrit dans son *Bestiaire*[21] : « Le loup représente le Diable, car celui-ci éprouve constamment de la haine pour l'espèce humaine, et il rôde autour des pensées des fidèles afin de tromper leurs âmes. »

Le loup et le renouvellement du monde

« Prends le loup gris très avide »

La fin d'un cycle, la mort et la dissolution apportées par le loup ne signifient pas extinction complète. La mythologie nordique nous en offre un exemple, comme nous l'avons vu. Une nouvelle génération prend la relève. L'enfer peut n'être qu'un passage, une œuvre au noir dans le langage alchimique. La mort peut s'avérer le prélude à une autre vie, comme le printemps succède à l'hiver, le soleil victorieux au soleil occulté. Les mâchoires du loup font aussi office de porte qui s'ouvre sur une nouvelle ère.

---

21. *Le Bestiaire*, Honoré Champion, 2010.

Illustration 7 : Michael Maier, *Atalanta fugiens* [« Atalante fugitive »], emblème 24, 1617. Traité d'alchimie. « Le loup dévore le roi et, consumé, lui rend la vie ».

La tradition alchimique fournit une illustration de ce passage du crépuscule à l'aurore. En effet, des alchimistes font parfois mention du loup. C'est le cas de Basile Valentin. Celui-ci indique, dans *Les Douze Clefs de la philosophie*, que le « loup gris » dévore le « roi » et doit être ensuite jeté dans un feu pour que ce « roi » soit délivré.

Michael Maier, dans l'*Atalante fugitive*[22] évoque également la même opération avec l'emblème XXIV dans les termes suivants :

Efforce-toi de capturer le loup vorace.
Pour l'apaiser, à ce glouton jette le corps
Du roi ; puis place-le sur un bûcher ; le feu

22. Traduction d'Étienne Perrot, Dervy, 2013.

excité par Vulcain le réduira en cendres.
Opère ainsi souvent et tu verras le roi,
Doté d'un cœur de lion, surgir, fier, de la mort.

L'interprétation des textes alchimiques n'est certes pas aisée. Néanmoins, il est possible de comprendre la nature des symboles qui y sont employés. Selon Dom Antoine-Joseph Pernéty, auteur d'un *Dictionnaire mytho-hermétique* paru en 1758, le loup gris correspond à l'antimoine et, de façon plus générale, le loup au « mercure des sages ». Ce principe a plusieurs significations. Le mercure alchimique est notamment la *materia prima*, cette matière première sur laquelle travaille celui qui œuvre pour l'amener, d'étape en étape, au stade ultime de la « pierre philosophale ». Il est également le dissolvant universel.

Le « bain du roi » qu'évoquent de nombreux auteurs équivaut à l'avalement du souverain par le loup. Il figure une épreuve et une purification du soufre (masculin, fixe, chaud, actif) par le mercure. Le loup apparaît donc dans la tradition alchimique comme un élément désagrégateur. Il provoque l'œuvre au noir. Celle-ci est à la fois une décantation radicale nécessaire et un retour à l'origine. Elle constitue une « mort philosophique » qui précède une renaissance.

Le loup est donc dans la tradition alchimique un passage obligé qui consiste en une purification extrême et un renouvellement complet. Par lui, l'ancien redevient neuf.

Le loup, le nord et l'hiver

L'hiver est la période durant laquelle le monde se renouvelle. Le point culminant de celui-ci, si l'on peut dire, est le jour du solstice d'hiver avec sa nuit la plus longue de l'année dans l'hémisphère Nord. Le soleil semble vaincu. La lumière n'a cessé de perdre du terrain depuis six mois. Pourtant, à partir de cette date, elle réapparaît chaque jour davantage, d'abord imperceptiblement, puis triomphe de plus en plus nettement de l'obscurité.

À l'équinoxe de printemps, l'astre de lumière prend un avantage décisif. Les jours deviennent plus longs que les nuits. La terre semble revivre. La nature est, à nouveau, prolifique, dévoilant une étonnante munificence après l'extrême dépouillement. Le soleil a vaincu.

L'orientation symbolique de l'hiver, temps des fins et des recommencements, est le nord. Il est à noter qu'il y a une analogie entre nord et minuit (le milieu de la nuit), que l'on retrouve dans certaines langues, comme en polonais avec le terme *północ* qui signifie aussi bien « minuit » que « nord ». C'est également vrai pour les autres points cardinaux avec les moments du jour et aussi, cependant de manière moins systématique, les saisons dans l'hémisphère Nord. L'orientation qui correspond au printemps est l'est, autrement dit l'Orient qui est aussi le Levant, direction du commencement ; au sud, aussi le Midi, étymologiquement « milieu du jour », l'été, la plénitude de l'année ; enfin à l'ouest, l'Occident, aussi fort logiquement le couchant, l'automne, le déclin. Ainsi, pour cette dernière orientation, le mot latin *vesper*, à l'origine des mots français vespéral et vêpres, a aussi bien le sens de « soir » que d'« Occident » et de « couchant » (songeons ici aux expressions pratiquement équivalentes : « au soir de la vie » et « à l'automne de la vie »). On retrouve une signification identique avec l'opposition géographique en arabe entre *Machrek*, « Levant », et *Maghreb*, « Couchant », soit entre les parties orientale et occidentale du monde arabe. L'est abrite traditionnellement la connaissance, l'âge d'or, *ex oriente lux*... Le paradis y a souvent été situé (*Genèse* II, 8). Les mages cherchant le divin enfant disent : « Nous avons vu son astre à l'Orient » (*Matthieu* II, 2)[23]. Tandis que le sud, l'été, est la

23. En ce qui concerne les traductions de la Bible (Ancien et Nouveau Testament), j'utilise principalement, comme ici, la traduction œcuménique de la Bible (*TOB*, Cerf, 2010), mais également la *Bible de Jérusalem* (Cerf, 2007) et la *Bible Segond* (version 1910, en ligne sur plusieurs sites).

période du plein épanouissement, de la plus grande richesse, de la prospérité, à l'opposé de l'hiver. Pourtant, très discrètement, l'obscurité guette et reprend peu à peu l'avantage dans un monde enivré par cette belle saison. L'ouest, l'automne avec ses ultimes et superbes reflets chatoyants, est associé au crépuscule, aux eschatologies, en d'autres termes aux fins dernières, tant de l'être humain que du monde.

Ces correspondances symboliques ont été rappelées, car le loup est un animal lié, le plus souvent, avec le nord et l'hiver. Différents éléments nous l'indiquent. Ainsi, dans le sud de l'Allemagne, l'ancien nom du mois de décembre est *wolfsmond*, « mois du loup ». Dans le nord de ce même pays, *die wolfzeit*, « le temps du loup », correspond à la période de douze jours qui s'étend du 25 décembre au 6 janvier, souvent nommée avec la christianisation « douze jours saints » ou « douze nuits saintes ». En 567, le concile de Tours mentionne que ces douze jours sont tous fériés (canon 18). Durant cette période – dont des rituels folkloriques, des mythes et des légendes, notamment en Europe, mais aussi en Asie, témoignent de l'importance – le temps est en quelque sorte suspendu, car le monde se trouve entre deux cycles, dont l'un semble s'être achevé, tandis que l'autre ne paraît pas avoir commencé. L'explication parfois avancée est qu'il s'agit alors de faire coïncider le calendrier lunaire, de 354 jours, et le calendrier solaire, de 365 jours (et 366 l'année bissextile). Ces douze jours se placeraient dans l'intervalle. Après des mois de descente toujours plus profonde dans la nuit et de recul continuel du jour, une relative stabilité s'installe. Elle est temporaire et apparaît comme une hésitation, un vacillement qui engendre l'incertitude sur la direction qui va être prise. Les variations sont infimes. Une minute de clarté en plus ou en moins. C'est une période de grand danger. En effet, selon des croyances, les frontières entre le monde des morts et celui des vivants, ainsi qu'entre notre monde et les Enfers, ne sont plus étanches. En Grèce, selon les traditions populaires, lors des douze jours les

Kallikantzaroi passent des profondeurs de la terre à sa surface. On les décrit comme étant velus avec des pattes de bouc, des yeux rouges et affligés d'une claudication. Des auteurs les ont rapprochés des loups-garous. Ce qui appuie ce rapprochement est notamment la dénomination des *Kallikantzaroi* dans certaines régions, comme la Laconie ou la Messénie, où ils sont nommés *Lykokantzaroi*, terme dans lequel on retrouve le nom grec du loup, *lykos*. Au nord de la Grèce, en Thessalie et en Macédoine, durant la même période, des groupes de personnes nommés Rogatsia ou Rogatsiara, habillés en animaux sauvages, notamment en loups et en ours, ou encore en boucs, passent dans les villages et les maisons. Par contre, leur visite est, là, considérée comme bénéfique. Plus au nord encore, en Roumanie, le matin du 25 décembre, une coutume similaire, appelée *Brezaïa*, se déroule. Des personnes costumées et masquées se rendent dans les maisons pour recueillir des victuailles. Le masque est une tête d'animal : cigogne, chèvre, bouc et loup. Encore plus au nord, en Livonie (actuellement Estonie et Lettonie), selon un auteur du XVIe siècle, Olaus Magnus[24], durant les douze jours, les sorciers se transformaient en loups et se nourrissaient des réserves des paysans.

On note parfois des écarts quant à cette période. Ainsi, dans le calendrier vieux-perse, quelques siècles avant J.-C., Varkazana, « mois des hommes-loups », correspond à octobre-novembre. Néanmoins, le temps du loup renvoie toujours à la partie de l'année qui va du crépuscule à l'aurore. En somme, celle qui va de la fin au commencement. Dans *Initiation, rites, sociétés secrètes* (Gallimard, 1992), Mircea Eliade observe en relation avec cette question : « L'expérience fondamentale est provoquée par la rencontre des affiliés avec les morts qui, surtout aux environs du solstice d'hiver, reviennent sur la terre. L'hiver est aussi la saison où les initiés se transforment en loups. »

---

24. Dans son *Histoire des pays septentrionaux*, livre XVIII, chapitre 45, publiée à Paris en 1561.

Des rites similaires se retrouvent sur le continent américain. Cette similitude nous montre que ces pratiques, qui s'appuient sur des thèmes communs, ont un substrat très ancien, car il est partagé par des peuples qui n'ont pas été en contact durant de très longues périodes. C'est au début de l'hiver que des populations amérindiennes de la côte du Pacifique, au Canada, dans le sud de l'actuelle Colombie-Britannique, plus précisément dans la région de Vancouver, les Kwakiutl (aussi nommés Kwakwaka'wakw), organisent les cérémonies d'hiver avec des rites initiatiques de mort et de renaissance. D'après le mythe relatif à ces cérémonies, le premier possesseur du rituel était le loup et celui-ci est une figure essentielle du déroulement de l'initiation. Durant la même période et dans la même région, les Nootkas (ou Nuu-chah-nulth) accomplissent, avec des masques de loup, la danse du loup, *Tlukwaana*, en suivant également un rituel initiatique. Des danseurs avec ces têtes de loup conduisent les novices durant plusieurs jours dans les bois pour y recevoir une initiation aux mythes de la tribu.

L'hiver est une période obscure avec les nuits les plus longues de l'année dans l'hémisphère Nord. C'est un temps de fin et de commencement, de mort et de renouvellement, par conséquent de passage et de mutation. De même, l'avalement d'un être par un loup, comme la mort d'Odin, conduit à une plongée dans les ténèbres, un peu à la manière de Jonas, dans la Bible, qui est avalé par un monstre marin, préfiguration de la mort et de la résurrection du Christ (*Matthieu* XII, 40). Dans la tradition de l'Inde ancienne, plusieurs passages du *Rig-Veda*, dont la composition remonte à la fin du IIe millénaire av. J.-C., rapportent que les Ashvins, jumeaux liés au lever du soleil, aussi appelés Nâsatyas, ont arraché un oiseau, en l'occurrence une caille, de la gueule d'un loup. L'un de ces passages (I, 117, 16) dit par exemple : « La caille vous a appelés, ô Ashvins, lorsque vous l'avez délivrée de la gueule du loup. » La caille s'identifie symboliquement à la lumière et au printemps.

Les Gaulois représentaient parfois une de leurs divinités revêtue d'une peau de loup. Il s'agit de Sucellos, assimilé dans le sud et lors de la romanisation au dieu forestier Sylvain (Sylvanus). L'historien et spécialiste de la Gaule Paul-Marie Duval, dans *Les Dieux de la Gaule*, l'a rapproché de Dis Pater, divinité nocturne et infernale, ancêtre des Gaulois selon Jules César (*Commentaires sur la guerre des Gaules* VI, 18). Toutes ces associations nous conduisent toujours dans la même direction : le loup, la forêt, la nuit et l'origine.

Un texte scandinave, le *Grimnismal* (strophe 10), précise dans une description du Walhalla, le lieu où résident les héros, au sein du domaine des dieux, Asgard : « Un loup devant la porte pend à l'ouest, un aigle se penche au-dessus. » La situation du loup est révélatrice, il semble garder la porte ouest. Effectivement, on peut dire que symboliquement son territoire commence à l'ouest. L'ouest correspond traditionnellement à l'automne, à la dissolution d'un cycle, aux fins dernières. Mais cet achèvement est le passage obligé pour qu'une nouvelle aurore se lève sur un monde régénéré. Ainsi, le cycle journalier du soleil et la direction du couchant sont des signes de réalités universelles, visibles et invisibles. C'est comme cela que les choses ont très longtemps été comprises. Je prendrai juste deux exemples pour le montrer. Dans l'Égypte antique, Osiris est le roi des Occidentaux, *Khenty Imentyou*, « Celui qui est à la tête des Occidentaux », c'est-à-dire des morts, car ce royaume était situé à l'ouest. C'est pourquoi, la rive ouest du Nil était alors considérée comme la rive des morts. Les nécropoles y étaient édifiées. Quant à la deuxième illustration, elle est bien connue, il s'agit du portail occidental des églises médiévales qui évoque le Jugement dernier. La présence de l'aigle au-dessus du loup, dans le texte scandinave, est très signifiante et semble montrer deux principes différents dans une situation donnée. D'une part, c'est un oiseau, il est ainsi un intermédiaire entre la terre et le ciel, car capable de s'élever verticalement, de s'affranchir en partie de la gravité terrestre, et il faut aussi, bien sûr, comprendre cela d'un point de vue spirituel. D'autre part, l'aigle a la capacité de regarder le soleil, de le fixer, de le contempler pourrait-on même dire, dans tout son éclat. Il est ainsi constamment en lien avec la source centrale de toute lumière. De plus, et cela est en relation directe avec notre sujet, au Moyen Âge encore on croyait couramment que l'aigle possède le pouvoir de se régénérer. Pierre de Beauvais, au XIIIe siècle, dans son *Bestiaire*, cite l'Ancien Testament, plus précisément le psaume 52 qui annonce : « Ta jeunesse te sera renouvelée comme celle de l'aigle. » Il l'explique ensuite en disant que l'aigle, lorsqu'il se sent vieux, se brûle au soleil, puis redescend et plonge trois fois dans une source. Il recouvre alors sa jeunesse. On comprend dès lors sans peine que l'association du loup et de l'aigle à cette porte ouest de la demeure, de ceux qui sont morts héroïquement au combat, est pleinement significative quant au renouvellement de toute chose, et plus particulièrement de l'être appelé à passer de la mort à un nouveau printemps par la grâce de l'élévation et de la régénération hivernale.

La traversée de l'eau de la ténèbre hivernale

Ce franchissement décisif et fondateur, d'un cycle à un autre, d'un monde à un autre, est souvent lié à l'eau. Jean Haudry a évoqué, dans *La Religion cosmique des Indo-Européens*[25], la traversée de l'eau de « la ténèbre hivernale ». Cette expression renvoie à de nombreuses légendes et à des mythes indo-européens dans lesquels le héros, pour réussir sa quête, doit, souvent en ultime épreuve,

25. Archè-Les Belles Lettres, 1987.

franchir de nuit et en plein hiver un espace aqueux, par exemple une rivière. Cette épreuve capitale, passage d'une rive à une autre, amène une nouvelle naissance.

Or, on ne peut que remarquer que l'eau est souvent présente dans des légendes et des croyances relatives au loup, dont nous avons vu par ailleurs l'association avec l'hiver. Juste quelques exemples. Pour commencer, celui de Lykaon (ou Lycaon), dont la transformation en loup précède de peu le déluge de Deucalion pour les Grecs et les Romains ainsi que le rapporte, entre autres, Ovide dans le premier livre des *Métamorphoses*. Selon son histoire légendaire, Rome fut fondée par Romulus qui avait échappé, avec son frère Rémus, à la noyade dans un fleuve, le Tibre. Les deux nouveau-nés furent ensuite nourris par une louve. Dans la tradition scandinave, la *Völuspa* annonce qu'après la bataille des dieux contre les forces obscures, à la tête desquelles se trouve Fenrir, l'eau recouvre le monde (strophe 59) avant l'émergence d'une nouvelle terre. Dans la Bible, aussi bien le récit de la Création, où « le souffle de Dieu planait au-dessus des eaux » (*Genèse* I, 2), que celui du Déluge auquel survivent Noé et sa famille grâce à l'arche (*Genèse* VII et VIII), à l'image de la très antique narration sumérienne du Déluge dans *L'Épopée de Gilgamesh* (onzième tablette), voire également lorsque les Égyptiens sont recouverts par les eaux lorsqu'ils tentent de franchir la mer Rouge (*Exode* XIV), et enfin le renouvellement complet du monde dans l'*Apocalypse* (XXI, 1) : « Je vis un ciel nouveau et une terre nouvelle [...] et la mer n'est plus », des thèmes similaires, sinon identiques, sont exprimés. D'autre part, des auteurs anciens relatent que les transformations d'hommes en loups, et réciproquement, se font souvent à la suite de la traversée d'une étendue d'eau (rivière ou étang). Selon Pline l'Ancien (*Histoire naturelle* VIII, 81), c'était le cas chez les Arcadiens. Il faut observer à cet égard que Lykaon, celui que nous venons de mentionner, était un Arcadien. Saint Augustin, citant Varron (*La Cité de Dieu* XVIII, 17), le rapporte également.

Olaus Magnus, auteur du XVIe siècle, que nous avons déjà sollicité, dit aussi à propos des sorciers de Livonie qu'ils se transforment en loups après Noël en franchissant un cours d'eau. L'opération inverse s'effectue, douze jours plus tard, en retraversant la même rivière. En France, on trouvait aussi la même croyance dans certaines régions, comme le Périgord, la Creuse ou dans la montagne Noire[26]. L'espace de transformation est là une fontaine. Enfin, en élargissant notre recherche à un animal très proche, un autre canidé, en l'occurrence le chien, nous pouvons observer que des représentations anciennes et orientales de saint Christophe (Christophe de… Lycie, du mot « loup » en grec !), qui transportait sur son dos les voyageurs qui souhaitaient traverser un fleuve aux eaux tumultueuses, en font un être cynocéphale, c'est-à-dire avec une tête de chien. On peut le voir sous cette forme sur des icônes.

Purifier la cité en chassant le loup

La Rome antique entretenait, depuis les origines, un lien particulier avec le loup. Le 15 février, chaque année, les Lupercales s'y déroulaient. Lors de cette fête, les Luperques, confrérie de prêtres, immolaient un bouc dans la grotte du Lupercal, située au nord-ouest du mont Palatin. Ensuite, ils taillaient des lanières dans la peau de celui-ci, puis se répandaient dans la ville en flagellant tous ceux qui se présentaient à eux. Les femmes, surtout celles qui souhaitaient être enceintes, recherchaient cette fustigation, selon certains auteurs, car elle était réputée assurer la fécondité.

---

26. Cf. Paul Sébillot, *Le Folk-lore de France*, Librairie orientale et américaine, 1904-1905. Également : Fabio Armand, « Les loups-garous et les eaux », *Iris*, n° 34, « Hommage à Gilbert Durand », UGA éditions (université Grenoble Alpes), 2013.

La signification du terme Lupercales a fait couler beaucoup d'encre. Pour certains[27], il se décompose en *lupus*, « loup », et *ircus*, « bouc ». Des recherches plus récentes rendent plus vraisemblable une autre étymologie, à savoir *lupus-arceo*, « ceux qui écartent les loups ». Les Lupercales seraient une fête d'origine pastorale. L'une de ses fonctions serait d'écarter l'un des dangers majeurs pour les troupeaux, les loups. Des auteurs ont montré que des fêtes ayant une signification similaire sont observables un peu partout en Europe[28]. Par exemple, cela semble être le cas d'une fête basque nommé Otsabilko, « recueillir pour le loup », qui a lieu le jeudi qui précède le carnaval. La collecte qui était organisée ce jour-là avait peut-être « pour but de satisfaire le loup, pour qu'il n'attaque pas les troupeaux et que ceux-ci puissent paître paisiblement »[29]. Dans certaines régions du Pays basque, on appelait parfois le mois de février *otsa-illa*, « mois des loups ».

Les Lupercales constituent essentiellement un rite de purification avant l'essor de la nouvelle année qui commençait le 1er mars à Rome. Celui-ci est le préalable à tout renouvellement de la fécondité. On sait que le sens même de février est « purification », le mot provient du latin *februus*. C'est l'opinion de l'érudit romain qu'était Varron[30]. Junon *Februlis*, « purifiante », était l'une des principales divinités associées aux Lupercales. Cette fête était la plus populaire du mois et l'une des plus prisées de l'année. Cela explique les difficultés de son éradication par l'Église. Ce n'est qu'en 496, un siècle après que le christianisme est devenu la seule religion autorisée, que le pape Gélase l'interdit difficilement. En effet, il déclare, dans l'*Adversus Andromachum*, que ses prédécesseurs « se sont heurtés à des obstacles, à des influences contraires, qui ont fait échouer leurs efforts ». Ultérieurement, l'Église a peut-être

27. Comme Jérôme Carcopino, *La Louve du Capitole*, Les Belles Lettres, 1925.

28. Ainsi, pour l'Europe du Nord, de Martin P. Nilsson, « Les Luperques », *Latomus*, n° 15, 1956. Plutarque, dans la *Vie de César*, établit un lien avec les Lykaia d'Arcadie.

29. Julio Caro Baroja, *Le Carnaval*, NRF-Gallimard, 1979.

30. *De lingua latina* VI, 13.

tenté de récupérer les Lupercales avec la fête de la purification de la Vierge ou Chandeleur[31].

Revenons au rituel. Les prêtres étaient sommairement vêtus de peaux de boucs et se servaient de fouets confectionnés avec la peau du même animal. Ils s'identifiaient ainsi à celui-ci. C'est pourquoi on les surnommait dans l'Antiquité *creppi*, « les boucs ». Par bien des aspects, le symbolisme du bouc est identique à celui du bélier. Fécond, énergique, viril, fonceur, il représente bien la nature au printemps qui explose par sa prodigalité. En outre, le bouc possède des attributs supplémentaires. Animal de Dionysos et d'Aphrodite, il a un côté sensuel et même entièrement absorbé par l'acte sexuel, voire la luxure. Ce caractère s'accentua avec le temps en Europe à tel point que le Moyen Âge représente le diable par un bouc. En Inde, il est comme le bélier associé à Agni et au feu printanier donneur de vie. Dans l'*Atharva-Veda* (IX, 5), il est précisé à son sujet, dans un hymne consacré à son sacrifice : « Le bouc est Agni ; le bouc est la splendeur ; [...] le bouc chasse au loin les ténèbres. »

Notons la dernière partie de la citation. L'idée affirmée renvoie à l'une des significations essentielles des Lupercales et d'autres fêtes semblables : le loup que l'on chasse figure l'hiver et l'obscurité que l'on rejette. C'est l'avis de l'historienne et latiniste Danielle Porte. Elle écrit notamment dans *Les donneurs du sacré. Le prêtre à Rome*[32] : « Il paraît raisonnable de croire qu'en même temps que les loups véritables, animaux menaçants et mystérieux, surgis de l'ombre, les Luperques écartaient les menaces symboliques de toute sorte et les mystérieux maléfices. »

---

31. Cf. J. Toutain, « Les Lupercales romaines et la fête chrétienne de la purification de la Vierge ou de la Chandeleur (le 2 février) », *Revue de l'histoire des religions*, LXXIX, 1919. Il observe notamment que Juno dite *lucina*, qui préside aux naissances et se trouvait également liée aux Lupercales, avait son temple sur une pente de l'Esquilin à côté de l'endroit où s'élève aujourd'hui la basilique de Sainte-Marie-Majeure dans laquelle aboutissait la grande procession de la Purification de la Vierge.

32. Les Belles Lettres, 1989.

La fête partait de la grotte du Lupercal dans laquelle les boucs étaient sacrifiés. Coïncidence ? C'est dans cette même grotte que la louve aurait allaité les jumeaux, Romulus et Rémus. Cette caverne est la matrice d'où est issu le nouveau cycle. Le monde nouveau, qui vient juste d'y naître, y grandit et puise des forces dans son obscurité à l'abri des dangers extérieurs. Le dangereux parcours hivernal et souterrain, mais aussi régénérant du soleil, tel qu'il est décrit dans de nombreuses traditions, renvoie à la même idée. Ainsi, dans la tradition égyptienne, le dieu-loup Oupouaout se place à la tête de la barque de Rê, le soleil, lors du périlleux périple nocturne de celui-ci.

Certaines sources attribuent l'instauration des Lupercales à Romulus et Rémus, comme Ovide dans les *Fastes* (II, 361). On comprend aisément qu'il y a là une association très signifiante, mais, en réalité, cette célébration remonte à des époques bien plus anciennes. Elle se déroulait sous le patronage de Faunus. Cette divinité qui protège troupeaux et bergers intervient dans des légendes antérieures à la création de l'*Urbs*, c'est-à-dire de Rome. Selon d'autres sources, un dénommé Évandre, un demi-siècle avant le siège de Troie narré par Homère, serait à l'origine de cette célébration. Il était originaire d'Arcadie, le pays de Lykaon, réputé pour ses rites à Zeus Lykaios et pour ses hommes-loups. Il faut sans doute y voir le reflet d'une société pré-urbaine. C'est ce qu'affirme Cicéron concernant les Luperques. Il parle d'une confrérie « pastorale et rustique [...] dont l'association fut formée autrefois dans les bois avant la civilisation et la législation » (*Pour Caelius*, XXVI).

On a donc là un rite qui remonte à des temps immémoriaux, vraisemblablement un reliquat d'une société pastorale. Il sert à la fois à écarter les dangers liés à l'hiver, à purifier la société de tous les miasmes de la difficile période qui vient d'être traversée et enfin à permettre, grâce à cette purification, la fécondité propre à établir non seulement la survie du groupe, mais aussi sa prospérité. Ainsi, les temps peuvent être renouvelés et s'ouvrir au rayonnement de la joyeuse abondance printanière.

Le loup et la régénération de la royauté pharaonique

Dans l'Égypte antique et pharaonique, la fête Sed[33] permettait le renouvellement rituel de la royauté, un « rajeunissement de l'exercice du pouvoir » selon Henri Frankfort. C'était un jubilé qui intervenait à des dates variables. La célébration durait cinq jours. Au cours de celle-ci, le dieu égyptien à forme de loup, Oupouaout, « Celui qui ouvre les chemins », avait un rôle de premier plan.

Il semblerait qu'Oupouaout figure entre autres le double de pharaon, son jumeau. Dans cette hypothèse, il s'identifie au *ka* du souverain, c'est-à-dire à son double immortel. Ce frère, parfois assimilé au placenta, était réputé mort-né et donc représentant son jumeau terrestre dans l'au-delà. Considéré comme un grand guerrier, Oupouaout était également associé à Horus. Il le remplace même dans la grande procession de la fête d'Osiris à Abydos. Dans le *Monument de la théologie memphite*, un texte ancien gravé sur une stèle en granit à la fin du VIIIe siècle av. J.-C., le dieu de la terre, Geb, dit à propos d'Horus qu'il est « cet héritier, le fils de mon fils, le loup de Haute-Égypte, l'ouvreur du corps, Oupouaout ». Il recevait un culte dans une ville que les Grecs ont appelé Lykopolis, « ville du loup », qui est l'actuelle Assiout. Au Ve siècle, Macrobe, dans *Les Saturnales* (I, 17)[34] réunit dans un même principe Apollon, le loup (autrement dit Oupouaout) et le soleil :

> Une autre preuve que le soleil reçoit le nom de Lycos, c'est que Lycopolis, ville de Thébaïde, rend un culte pareil à Apollon et au loup (λύκος), adorant le soleil dans tous les deux : parce qu'en effet cet animal enlève et dévore tout, comme fait le soleil, et, par son regard pénétrant, triomphe presque entièrement, comme cet astre, des ténèbres de la nuit.

---

33. Cf. Henri Frankfort, *La Royauté et les dieux*, Payot, 1951.

34. Traduction de Désiré Nisard, CreateSpace, 2016.

Au cours de la fête Sed, l'enseigne d'Oupouaout accompagne pharaon. Cet emblème indique que l'esprit du dieu en question participe à la cérémonie. Un des principaux rites était la dédicace du champ. Le souverain y « dansait ». Il se dirigeait vers les points cardinaux. Cet espace réduit représentait l'Égypte que le souverain, par cette action rituelle, réordonnait, consacrait à nouveau et replaçait en quelque sorte au commencement des temps, au début d'un cycle. L'enseigne d'Oupouaout était la seule à le suivre au cours de ce rite. Cette seule présence d'Oupouaout dans ce recommencement est extrêmement significative pour ce qui nous intéresse ici. L'enseigne était portée par un prêtre des esprits, ancêtres de pharaon, souverains de temps lointains, appelés « âmes de Nekhen », ou « suivants d'Horus ». Ceux-ci, dans l'invisible, protégeaient et inspiraient leur successeur sur le trône. Les prêtres de la ville de Nekhen se coiffaient à cette occasion d'une tête de loup. De plus, ils portaient un sceptre, nommé *ouser*, que la tête du même animal ornait.

Dans l'Égypte pharaonique, le loup est donc associé à l'au-delà – les âmes de Nekhen –, au ciel – Horus – et au renouvellement par la fête Sed. Par sa position lors des rituels, il protège et guide lors du passage d'un cycle à un autre, d'un monde à un autre.

La cérémonie du Massaum, le loup et le renouvellement du monde chez les Cheyennes

Il existe chez les Cheyennes, Indiens des Grandes Plaines d'Amérique du Nord, qui eux-mêmes se nomment Tsitsistas, une longue cérémonie s'étendant sur cinq jours, le Massaum, l'été après la mi-juillet, où l'esprit (*maiyun*) du loup, Maheone Honehe, joue un rôle fondamental. Ce loup roux est accompagné par sa louve, de couleur blanche, Evevsev Honehe. Tous deux sont les esprits et les maîtres de tous les loups. Ils sont réputés avoir enseigné aux

Cheyennes la chasse dans les prairies. Une confrérie féminine y tient un rôle important tout au long de la célébration, les Jeunes louves, qui comprend sept membres. Le Massaum a aujourd'hui disparu. Le dernier fut célébré dans l'Oklahoma en 1927[35].

Le déroulement de la cérémonie mettait en action de manière remarquable différents éléments symboliques. Avant d'engager plusieurs rituels complexes, les participants se purifiaient dans la loge de sudation. Le premier jour était occupé à la mise en place de l'espace central, autour duquel le monde est recréé, avec tout d'abord l'élément axial, figuration du lien vertical qui relie les différents mondes, ici l'arbre sacré avec sept branches. Ensuite, l'espace central est édifié et organisé, à savoir le tipi (tente) du Loup, qui figure une caverne sacrée, un *maheonox*. À la base de l'arbre, à l'est, un foyer est mis en place. « À la fin de cette première journée, le tipi du Loup représentait l'univers avant la création[36]. » Le deuxième jour est celui de la création de l'univers à partir du centre, plus précisément de l'arbre, « pilier du monde », où se tient Maheo, l'Être suprême des Cheyennes, représenté dans la célébration par un des acteurs de celle-ci. À partir de ce lieu central et originel, l'éclosion du monde s'opère grâce à une sacralisation et son espace s'étend alors par étapes. Tout d'abord avec les quatre gardiens de l'univers, quatre montagnes, les *maheyuno*, qui étaient suivis par les *maiyun*, des esprits puissants. Des peaux de loups étaient utilisées pour figurer Maheone Honehe, le loup roux, un *maiyun*, et son épouse, Evevsev Honehe, la louve blanche, tous deux jouant un rôle essentiel, notamment dans l'élargissement à l'univers, en l'occurrence le camp, du renouvellement en cours. « Le camp tout entier était devenu l'univers. Tout avait été rendu sacré à l'extérieur et à l'intérieur du tipi du Loup », nous dit Karl Heinz Schlesier[37]. Il s'ensuit une chasse symbolique, puis un rituel de guérison des malades.

35. Cf. Karl Heinz Schlesier, *Les Loups du ciel. Chamanisme, cérémonies et origines préhistoriques des Cheyennes*, Éditions du Rocher, 1996 pour la traduction française.

36. Karl Heinz Schlesier, *op. cit.*

37. *Ibid.*

Le guide des chemins périlleux

Par la destruction qu'il opère, le loup provoque une métamorphose, le passage d'un état à un autre. Il n'est d'ailleurs pas le seul dans les bestiaires. En Occident, par exemple, le lion a également ce rôle de gardien du seuil et d'animal psychopompe, c'est-à-dire de conducteur d'âmes. Il est aussi notable que tous les canidés, que ce soit le chien, le chacal, dont la meilleure illustration est le dieu égyptien Anubis, et bien sûr le loup sont, de manière plus ou moins importante, des animaux psychopompes dans toutes les traditions où on les rencontre dans les différents continents.

Ainsi que nous venons de l'esquisser, le loup n'est donc pas seulement un destructeur, mais aussi, autre versant de son symbolisme, un conducteur. Ce qui semble être le néant, et qui peut l'être effectivement, s'ouvre, après une période obscure de transition, sur une autre vie.

Jusqu'alors, nous avons surtout associé le loup avec les ténèbres. Toutefois, nous pouvons également le faire, paradoxalement, avec la lumière. Cela illustre remarquablement la dualité propre à beaucoup de symboles. En effet, le loup est aussi lié à des divinités lumineuses comme Apollon, qui est lui-même parfois dit *lykogenes*, « né du loup ». Une des explications fournies pour cette épithète est que sa mère, Léto, avait pris la forme d'une louve pour échapper à la colère d'Héra. Peu après la naissance d'Artémis et d'Apollon, elle séjourna en Lycie, « le pays des loups ». C'est d'ailleurs d'un lieu consacré à Apollon Lycien, *Lykeios*, où Aristote fonda une école, que nous vient le mot français lycée, du grec *lukeion*. Il était situé à Athènes au pied du mont Lycabette, dont le nom provient peut-être aussi du loup, mais l'étymologie est discutée. D'autre part, le père des jumeaux divins, Zeus, est lui-même surnommé Lykaios, « à forme de loup », en Arcadie, une région montagneuse au cœur du Péloponnèse.

La proximité du mot grec désignant le loup, *lykos*, avec *lyké*, « lumière », a souvent été observée. Dans le premier livre des

Saturnales, Macrobe, un auteur romain qui a vécu au IVe et au Ve siècle, associe le loup avec le soleil et Apollon. Il donne l'explication suivante : « En effet cet animal enlève et dévore tout, comme fait le soleil, et, par son regard pénétrant, triomphe presque entièrement, comme cet astre, des ténèbres de la nuit. » Il rend compte aussi de l'avis de certaines personnes qui pensent que le nom du loup en grec vient de *lyké*, la lumière du crépuscule, ce terme étant alors aussi utilisé pour l'aube, car « cet animal choisit ce moment comme le plus favorable pour enlever les troupeaux, que le jeûne de la nuit fait sortir de leurs étables avant le jour, pour aller paître ».

Le loup n'est pas lui-même lumière, ou source lumineuse, mais il y conduit. Un chant mortuaire roumain indique à propos de cette fonction[38] :

> Paraîtra encore
> Le loup devant toi
> [...]
> Prends-le pour ton frère
> Car le loup connaît
> L'ordre des forêts
> [...]
> Il te conduira
> Par la route plane
> Vers un fils de Roi
> Vers le Paradis.

Ce chant s'inscrit indéniablement dans la tradition chrétienne. L'étonnant est d'y trouver le loup pour guide ! Peut-être y a-t-il là un héritage préchrétien provenant des Daces ? Le loup qui devient un frère n'est pas sans rappeler le « frère loup » de

---

38. Cité par Roger Caillois et Jean-Clarence Lambert, *Trésor de la poésie universelle*, Gallimard, 1986.

François d'Assise. Les forêts furent pendant très longtemps considérées comme des espaces dangereux et mystérieux où l'on se perd. À bien des égards, c'est aussi une image de l'existence ! La route plane a aussi tout un arrière-plan biblique. Reprenant le prophète Isaïe (XL, 3), les quatre évangélistes, évoquant la mission du Précurseur, de Jean-Baptiste, celui qui précède le Christ, rapportent notamment cette injonction : « Aplanissez le chemin du Seigneur » (*Jean* I, 23). Le « fils de Roi » désigne clairement le Christ. En somme, le loup connaît le chemin qui mène du labyrinthe de notre monde à la lumière éternelle.

Cet aspect se retrouve pleinement dans la légende russe intitulée *Conte d'Ivan-tsarévitch, de l'oiseau de feu et du loup gris*. Ivan (Jean), un des trois fils du tsar Démian est chargé de ramener l'Oiseau de feu (en russe *ptitsa*, mot féminin) qu'il a surpris mangeant les pommes d'or d'un arbre du verger familial. Un loup gris rencontré en chemin lui permet non seulement de mener à bien cette mission après des épreuves, mais aussi de conquérir le cœur et la main de la princesse Hélène-la-Belle, de ressusciter d'une mise à mort par décapitation, et enfin de devenir lui-même tsar. Le conte foisonne d'éléments symboliques. Il a inspiré le célèbre ballet *L'Oiseau de feu* et la composition d'Igor Stravinsky pour celui-ci.

Le loup possède des qualités qui lui permettent de mener cette mission à bien. Il a la réputation de voir la nuit, de posséder un regard qui perce les ténèbres. L'une des raisons à l'origine de cette croyance est la phosphorescence nocturne de ses yeux. De fait, sa vision nocturne est supérieure à celle des humains. Dès lors, on comprend facilement la logique de certains récits. Ainsi, selon une croyance, l'anneau de saint Loup guérit de la cécité. Saint Hervé, aveugle, fut guidé par un loup. Dans la tradition égyptienne, Oupouaout se tient à la tête de la barque de Rê, le soleil, lors de la périlleuse navigation nocturne de celui-ci.

Le loup se situe donc souvent en position d'intermédiaire entre notre monde et l'au-delà. De la même manière, il a été identifié par des auteurs, comme Macrobe, à la lumière crépusculaire, aussi bien celle qui se maintient quelque temps après le coucher du soleil que celle qui prend place avant son lever. D'après des textes égyptiens, Oupouaout est appelé « seigneur du *shedshed* ». Des écrits nous disent que le pharaon allait au ciel sur ce *shedshed*. Ce dieu était donc le maître d'une sorte de véhicule qui permettait de passer de ce monde-ci dans l'au-delà. Le loup est un guide sûr pour parcourir ces dangereux et ténébreux chemins. Il est vraisemblable qu'il s'agit d'un héritage de traditions chamaniques dans lesquelles des animaux ont ce rôle de guide et de totem. L'exemple qui suit est aussi très explicite à cet égard.

Dans une légende turque, un loup-guide, issu de la lumière, intervient « à la pointe du jour » auprès d'Oghuz, ancêtre mythique des Seldjoukides et des Ottomans. Elle présente une nouvelle illustration de cette fonction de passeur, d'un monde à un autre, d'une situation à une autre, et cela dans un contexte géographique et culturel bien différent, en Asie centrale[39] : « À la pointe du jour, dans la tente d'Oghuz Kaghan, entra une lumière comme le soleil. De cette lumière sortit un grand loup au pelage bleu et à la crinière bleue. Ce loup demeura devant Oghuz Kaghan et s'adressa à lui [...] Oghuz, moi, je vais marcher à tes devants. »

D'une certaine manière, on retrouve certains éléments, plus récemment, dans la psychanalyse. Non pas tant dans celle de Sigmund Freud, comme avec le cas de Serge Pankejeff, « l'homme aux loups », mais dans l'analyse par Bruno Bettelheim (1903-1990) du *Petit Chaperon rouge*[40]. Le loup est certes le dangereux séducteur qui dévore la jeune fille innocente (thème de l'engloutissement), mais il lui permet aussi de réaliser une expérience extrême de mort

39. Légende citée par Jean-Paul Roux, *La Religion des Turcs et des Mongols*, Payot, 1984.

40. *Psychanalyse des contes de fées*, Pocket, 1999. L'auteur examine aussi bien la version de Charles Perrault que celle des frères Grimm.

et de renaissance, laquelle lui apporte de la sagesse, une connaissance et une maîtrise. Très significativement, cette expérience finalement réussie s'avère fatale pour le prédateur, notamment grâce au chasseur altruiste.

En somme, le loup ouvre les chemins. Il guide efficacement. Son action dans des temps où l'aurore n'est pas sûre donne une impulsion décisive à un nouveau cycle.

Virilité et fécondité à l'origine

Une louve au commencement

À l'opposé de l'aspect destructeur évoqué, le loup, dans les mythes et les légendes, présente aussi une tout autre facette : sa fécondité. Il figure alors la force originelle fondatrice d'une lignée ou d'un peuple. En Europe, ce sont principalement des louves qui illustrent cet aspect. L'exemple le plus célèbre est la louve nourricière de Romulus, fondateur de Rome, et de son frère jumeau Rémus. Dans la mythologie, Léto se transforme en louve avant l'enfantement d'Artémis et d'Apollon, lequel est appelé *lykogenes* (aussi écrit *lukogenes*) « né du loup ». Leur géniteur, Zeus, nous l'avons vu, était parfois dit, notamment en Arcadie, Lykaios, « à forme de loup ». Léto n'est pas la seule déesse grecque à se changer en louve, Hécate est aussi réputée pour cela, tout comme Morrigan, divinité guerrière dans la tradition celtique irlandaise. Par contre, chez d'autres peuples, en Asie centrale, les exemples sont nombreux où c'est un loup qui intervient virilement à l'origine. L'idée initiale est la même. Néanmoins, lorsqu'il s'agit d'une louve et d'une naissance, un animal représentant un principe masculin est parfois présent sous forme d'oiseau. Ainsi, un pic-vert, oiseau prophétique consacré à Mars, divinité également parfois associée au loup, aide la louve à nourrir Romulus et Rémus, considérés souvent comme fils de Mars, et les protège également. Juste après la naissance d'Apollon, un groupe de cygnes, un oiseau qui fut l'une des formes de Zeus, père du dieu nouveau-né, fit sept fois le tour de l'île avant d'emmener le tout jeune dieu.

Il est à remarquer que d'autres traditions mentionnent aussi un lien entre l'oiseau et le loup. Ainsi, la tradition turque rapporte que K'oun-mo, roi des Wou-Souen, un peuple de l'Antiquité dont le nom signifie « petits-enfants du corbeau », abandonné après sa naissance, fut nourri par une louve et un corbeau[41]. Cette association du loup et du corbeau mérite que l'on s'y attarde quelque peu. Elle est présente dans la mythologie ou les légendes de plusieurs traditions. Outre l'exemple mentionné ci-dessus, le corbeau est associé à Apollon, dont on a vu le lien avec le loup, avec la déesse irlandaise Morrigan, qui se transforme aussi en louve et plus encore avec le dieu scandinave Odin qui a deux corbeaux juchés sur ses épaules, Hugin, « pensée » ou « esprit », et Munin, « mémoire », qui lui relatent ce qu'ils ont vu de par le monde, et deux loups à ses pieds. C'est pourquoi il est aussi appelé *Hrafnagud*, « dieu aux corbeaux ». Dans la Bible, dans le *Livre des Juges* (VII, 25), il est question de deux chefs de Madiân se nommant l'un Orev, « corbeau », l'autre Zéev, « loup », qui sont capturés et mis à mort par les Hébreux. Le *Conte d'Ivan-tsarévitch, de l'Oiseau de feu et du loup gris*, met aussi en scène dans un passage cette association du loup et du corbeau, laquelle permet à Ivan-tsarévitch de ressusciter. Ce lien traditionnel se retrouve dans la nature. Les spécialistes, tant du loup que du corbeau, ont souvent remarqué une réelle symbiose et même complicité entre ces deux animaux, notamment pour la chasse. Ils s'informent réciproquement. Certains pensent vraisemblable que les loups savent reconnaître parmi les quelque 250 croassements différents du corbeau ceux

41. Cf. Jean-Paul Roux, *op. cit.*

qui se rapportent à la nourriture et qu'ils savent ainsi quand les corvidés en question ont repéré une carcasse. D'autre part, cet oiseau est sans doute capable d'interpréter les hurlements du loup et de savoir quand un festin se prépare afin d'y participer. On a même observé des loups et des corbeaux jouant ensemble[42] ! Le professeur Bernd Heinrich, dans *Mind of the Raven – Investigations and Adventures with Wolf-Birds* (Harper Collins, 2007), s'interroge sur ce lien si fort qu'il en vient à nommer le corbeau « oiseau-loup ». Il émet l'hypothèse d'une origine extrêmement ancienne pour les associations de ces deux animaux qui se retrouvent dans les récits légendaires et mythologiques. Il la situe dans la culture des chasseurs du paléolithique. Cette hypothèse s'avère très plausible. Il faut en effet à la fois avoir observé longuement le loup dans son environnement et d'autre part avoir un regard favorable sur celui-ci pour l'intégrer ainsi, et avec ce rôle positif, dans des modèles mythologiques. De la part d'une société de chasseurs, observatrice attentive et très intéressée par cet autre grand prédateur qu'est le loup, qui est pour eux un concurrent direct, il n'y a là rien de surprenant ! On le conçoit moins de la part de sédentaires qui n'ont pas le même intérêt et la même vision de ces animaux. Cela nous fournit différentes indications. D'une part, nous sommes conduits à en déduire la très grande ancienneté d'éléments présents dans les mythes et les légendes, non pas de tous les éléments, mais au moins de certains d'entre eux. D'autre part, la relation des hommes et des loups, cette forte interaction qui amène à l'intégration d'animaux dans les récits, la culture, les croyances et les systèmes religieux, est également très ancienne. Il est même plus juste de dire qu'elle est immémoriale. Des recherches récentes ont montré que certains thèmes de contes et de mythes remontent jusqu'au néolithique, autour de 6000 av. J.-C.,

42. Cf. Elli H. Radinger, *La Sagesse des loups*, Guy Trédaniel, 2018.

voire plus loin dans le temps[43]. Quelques figures animales des contes, comme le loup, le corbeau ou l'ours, plongent certainement encore plus loin leurs racines.

Revenons aux loups et aux louves qui interviennent à un commencement. L'allaitement de Romulus et de Rémus ainsi que les mythes concernant la naissance d'Apollon ne sont pas les seuls exemples. Milétos, héros éponyme et fondateur de la ville de Milet en Asie Mineure, fils d'Apollon selon des légendes, fut nourri durant sa prime enfance par une louve. L'histoire de Lykastos et de Parrhasios, fondateurs de Parrhasia, une ville arcadienne, est inspirée de celle des célèbres jumeaux romains. Eux aussi furent recueillis par une louve et avaient pour père Arès, ou Zeus selon d'autres versions. En dehors du domaine gréco-latin, l'un des premiers saints irlandais, saint Ailbe, issu de la fonction guerrière, ce détail n'est pas sans intérêt, fut, selon une légende, allaité par une louve. Enfin, plus à l'est, dans l'épopée ossète des Nartes – un peuple qui descend des Scythes –, le héros Soslan devient invulnérable en se trempant dans du lait de louve[44].

Le loup et la biche ou l'union du ciel et de la terre

En Asie centrale, l'intervention lupine originelle prend parfois une dimension cosmique. Ainsi, au Moyen Âge, le grand conquérant mongol Gengis Khan prétendait descendre d'un loup bleu, Börte Tchino, qui se serait uni à une biche de couleur fauve, Ko'ai

43. Voir par exemple de Sara Graça da Silva et de Jamshid J. Tehrani, « Comparative phylogenetic analyses uncover the ancient roots of Indo-European folktales », *Royal Society open Science*, janvier 2016, texte en ligne sur Internet. En France, cette question est notamment abordée dans les travaux de Julien d'Huy et de Jean-Loïc Le Quellec. Dans une synthèse sur ce sujet, dans son ouvrage *Le Temps sacré des cavernes*, au chapitre X, « L'hypothèse mythique », Corti, 2016, Gwenn Rigal donne plusieurs exemples de thèmes mythiques, provenant de différents continents, qui remontent au paléolithique.

44. « Naissance de Soslan », dans *Le Livre des héros. Légendes sur les Nartes*, Gallimard-Unesco, 1989.

Maral. L'*Histoire secrète des Mongols* (I, 1)[45], qui relate la légende des ancêtres de Gengis Khan, commence par des symboles très éloquents, quasiment archétypaux, qui renvoient à une genèse : une étendue d'eau, la source d'une rivière, une montagne, un loup et une biche, tout comme le Roi-Chasseur qui naquit de cette union et renvoie à un type de société, fondée sur la chasse, pour qui le loup est un modèle :

> L'origine de l'empereur Chinggis. Il y eut Loup-Bleu, qui naquit prédestiné par le ciel d'en haut. Son épouse fut Biche-Fauve. Franchissant une vaste étendue d'eau, ils parvinrent aux sources de la rivière Onan et s'établirent au mont Divin-Qualdun, où leur naquit Roi-Chasseur.

La demeure de ce loup, figuration du principe masculin, se trouve dans le ciel et la lumière. Nous sommes ici aux antipodes des représentations du loup en tant qu'animal infernal. Les peuples ouralo-altaïques ont une vénération pour le ciel où réside le Souverain suprême.

La légende suivante, semblable à celle narrant les origines des Gengiskhanides, fut recueillie au XVIIe siècle. Elle illustre l'action fécondante et virile de la lumière céleste. Alan Ko'a est la femme de Dobun Mergen, lequel descend de Börte Tchino et de Ko'ai Maral. Cette légende renouvelle le mythe fondateur de la lignée. Mais cette fois-ci, c'est un homme et non un loup qui sort de la lumière céleste :

> Un matin, au moment où le jour allait poindre, Alan Ko'a fut réveillée par un rayon de lumière qui pénétra dans sa tente par l'ouverture supérieure. Elle vit un homme au visage blanc et aux yeux bleu foncé sortir de ce rayon de lumière et descendre vers elle. Il s'approcha

45. *Histoire secrète des Mongols. Chronique mongole du XIIIe siècle*, Gallimard, 1994.

> d'elle et usa des droits d'un époux, puis il repartit en passant par la même ouverture. [...] dès la première nuit, Alan Ko'a portait dans son sein un gage de cette union[46].

Il est à remarquer que dans d'autres versions de cette légende, l'homme mystérieux issu de la lumière est comparé à un « chien jaune ». Jean-Paul Roux remarque une « alternance du loup et du chien » dans différentes légendes et estime que les mythes où intervient un chien ne sont « qu'une variante » de ceux où des loups sont mentionnés. Ici, ils représentent le ciel lumineux.

La couleur bleue indique aussi l'origine céleste. Les Turcs et les Mongols se réfèrent à *kök tengri*, le « ciel bleu », à la fois éternel, puissant et suprême. Ils se qualifiaient, pour signaler leur ascendance céleste, de *kök türük*, « Turcs bleus », et de *kökmögghol*, « Mongols bleus ». Peuplant l'actuel Sin-Kiang (Xinjiang) dans la partie occidentale de la Chine, région longtemps peuplée par des Indo-Européens (les Tokhariens et les Saces), les Ouïghours, population turcophone, sont, d'après leurs traditions, les fruits de l'union de deux jeunes femmes avec des loups célestes.

La biche, quant à elle, symbolise le principe féminin et la terre dans les légendes altaïques et mongoles. Dans la mythologie grecque, elle est consacrée à Artémis, qui par ailleurs la chasse ou s'en sert pour tirer son quadrige. Avec cette association, on pourrait retrouver un écho d'un couple symbolique loup-biche dans le domaine grec, puisque Apollon, frère jumeau d'Artémis, est lui-même en lien avec le loup.

Les légendes turques et mongoles nous offrent donc ici un mythe qui relate une hiérogamie, véritablement cosmique, une union figurant celle de deux principes sacrés et qui établit un lien fécond entre le ciel et la terre. Elle se déroule à l'aurore d'un temps, ce qui est notamment figuré de manière très significative par le

46. Cité par Jean-Paul Roux, *La Religion des Turcs et des Mongols*, *op. cit.*

lever du jour. Les différents éléments du mythe fondateur des Gengiskhanides le confirment. L'importance de l'étendue d'eau traversée est indiquée. Il peut s'agir d'un lac ou d'une mer, tandis que pour certains récits, c'est simplement une rivière. Passer d'une rive à l'autre équivaut au franchissement de « la ténèbre hivernale » dont nous avons vu la relation avec le loup. Ensuite, il est signalé dans d'autres versions que Börte Tchino se dirigeait vers le nord, direction qui renvoie au solstice d'hiver et à l'origine. Le récit affirme également que le fils né de cette union – dont le nom, Roi-Chasseur, est extrêmement significatif – naquit près de la source du fleuve Onon. Là encore, l'idée de commencement est exprimée par la mention de la source et du fleuve ; ils ont tous les deux un riche symbolisme, notamment en Asie. Enfin, il est précisé que le couple originel s'installa sur une montagne. Là aussi, l'idée de primordialité est réaffirmée. En outre, la montagne est l'espace terrestre qui se rapproche le plus du ciel par sa verticalité. C'est un lieu privilégié pour une hiérophanie, une « manifestation du sacré ».

Dans d'autres légendes altaïques, une louve sauve et nourrit l'ancêtre d'un peuple, comme pour les T'ou-kiue (ou Tujue), une population proto-turque attestée historiquement à partir du VIe siècle. Par la suite, selon cette légende, l'homme sauvé s'unit à la louve. Ils eurent dix garçons. Détail important, ils se réfugient dans une caverne, thème que l'on retrouve dans la légende de Romulus et de Rémus. De même, dans la célébration du Massaum par les Cheyennes, l'espace central est le tipi du Loup, figuration d'une caverne sacrée (*maheonox*). La caverne figure la matrice originelle. Dans l'obscurité et la protection de ce ventre fécond, le nouveau soleil, le nouveau cycle, ou encore le nouveau temps, encore en germe, peut assurer les premières étapes de son développement.

Cela explique que chez d'autres peuples, turcs et sibériens, le loup est aussi synonyme de fécondité. En Anatolie, les femmes l'invoquent pour que cesse leur stérilité. Au Kamchatka, à l'extrême-est de la Sibérie, lors des fêtes d'octobre, la représentation d'un loup est confectionnée afin d'attirer la fécondité. Différents rites, liés à la fécondité du même animal, ont lieu chez les Samoyèdes et les Yakoutes.

La mère de Rome

Romulus et Rémus ont pour mère Réa Silvia, fille du roi Numitor d'Albe la Longue, vestale et donc vierge. Des légendes – il existe de nombreuses versions – relatent que le dieu de la guerre Mars s'unit à elle durant son sommeil. Les jumeaux sont ensuite menacés de mort, car l'engendrement est prohibé pour une vestale, mais la principale raison est qu'ils deviennent héritiers du trône au détriment de leur oncle Amulius qui le convoite, puis l'usurpe durant de nombreuses années.

Les jumeaux sont mis dans un panier qui est abandonné sur le fleuve local, le Tibre. L'errance commence, c'est là un thème classique dans un grand nombre de traditions pour des héros civilisateurs ou des héritiers d'une lignée royale, une sorte d'occultation avant un retour victorieux. Il est possible à cet égard d'établir une analogie avec le parcours solaire en début d'année, lors de la traversée hivernale. Après une navigation, finalement assez courte, le panier avec les deux enfants échoue au pied du figuier Ruminal, symbole axial, au nord-ouest du mont Palatin. Le Palatin se situe au cœur de Rome, dès l'Antiquité. Les empereurs y habitèrent. C'est d'ailleurs pourquoi il est à l'origine du mot « palais » (du latin *palatium*). Ovide, dans *Les Métamorphoses* (I, 175-176), appelle le palais de Jupiter le « Palatin du ciel ». Sa fonction de centre s'avère ainsi clairement affirmée.

Poursuivons le mythe. La corbeille se trouve au pied du figuier Ruminal, dont le nom provient de *rumis*, « mamelle ». La louve arrive. Elle allaite les jumeaux.

Un pic-vert l'aide. La légende place ce moment dans une grotte près du figuier. Autre indication d'importance, de la grotte, appelée « Lupercal », coule une source. Les éléments symboliques sont nombreux et l'on peut constater que ce sont les mêmes que ceux rencontrés dans des légendes similaires d'autres traditions.

Les Romains et beaucoup d'autres peuples sont issus de tribus qui se disaient descendre d'un loup mythique. Cette filiation atteste d'un mode de vie martial. À Rome, la louve est la figure maternelle tutélaire, la *mater romanorum*. Tous les Romains sont ses fils. Le loup fut l'un des emblèmes des légions romaines.

Illustration 8 : la louve du Capitole allaitant les jumeaux Romulus et Rémus. Dessin de Sir John Gardner Wilkinson paru dans *History of Rome* de Henry Liddell, 1860.

Ainsi, à l'opposé de l'image de destructeur dans certains mythes, le loup est aussi associé à la fécondité et au commencement. Il n'est pas seulement celui qui met fin, mais aussi celui qui sauve et qui fonde un glorieux destin. Il peut même être une figuration du dieu créateur, c'est le cas chez les Indiens d'Amérique Shoshones où il se nomme Esa. Cependant, bien que celui-ci soit une figure bénéfique, il est aussi lié à l'ultime terme de l'existence ici-bas. En effet, une légende shoshone raconte comment avec son frère, le coyote, il est à l'origine de la mort. Nous retrouvons là ce double aspect antithétique si souvent affirmé du symbolisme du loup. À l'image de la vie.

II. Du loup au chien : une révolution… pour l'être humain !

Dans des temps très anciens

L'examen de l'association du loup et du corbeau dans différentes traditions nous a permis de remonter considérablement le temps. Elle nous donne également une information, à savoir qu'il a existé un temps où l'homme a observé le loup avec suffisamment d'intérêt et de patience pour saisir ce que des zoologues ont constaté, en l'occurrence cette symbiose étonnante entre ces deux animaux.

Mais il est un autre animal dont l'histoire, et plus précisément la très longue histoire de son lien avec l'être humain, peut nous fournir de nombreuses indications sur la relation du loup et de l'homme à l'époque préhistorique, notamment au paléolithique supérieur ou récent (environ 40 000 av. J.-C. à -10 000) : le chien !

Jusqu'alors, nous avons pu remonter les siècles, voire quelques millénaires, grâce aux mythes et aux légendes qui témoignent de la vision du monde, de la manière de voir et de vivre le monde, ainsi que de l'imaginaire, des sociétés anciennes. Les rapprochements, sinon les similitudes, que l'on peut observer entre des cultures distantes dans l'espace et le temps, nous conduisent à penser qu'il y a des héritages communs bien antérieurs, mais aussi, sans doute, des données universelles présentes dans ces traditions.

Grâce au chien, nous allons pouvoir reculer l'horloge du temps bien plus loin, des dizaines de milliers d'années ! En effet, son histoire, celle de sa relation avec l'humanité, nous donne aussi, et cela peut paraître surprenant, des éléments précieux sur les relations entre les hommes et le loup à une époque très lointaine. Sans déboucher sur des certitudes, car de nombreuses interrogations demeurent, nous pouvons avancer des hypothèses plausibles et mieux cerner ce que j'appelle, comme d'autres personnes, une véritable révolution dans la très longue marche de l'humanité jusqu'à aujourd'hui.

Une grande première

Grâce à la recherche génétique, on sait avec certitude, depuis 1997 précisément, année d'une publication par l'équipe de Robert Wayne de l'université de Californie d'une étude sur l'ADN mitochondrial de chiens et de loups actuels, que tous les chiens, les plus de 400 races connues, dont 344 reconnues officiellement en 2018 par la Fédération cynologique internationale, descendent toutes du loup et non d'un autre membre de la grande famille des canidés ou, dans celle-ci, d'un hybride de deux espèces du genre *Canis*. Cela peut surprendre lorsque l'on considère certains chiens qui semblent bien éloignés du loup d'un point de vue morphologique. D'autres chiens ont par contre conservé des caractères anatomiques lupins très évidents comme le berger allemand, le malinois et le husky sibérien et plus généralement les chiens de traîneau. En raison de cela, on leur a donné l'appellation de lupoïdes. Mais le fait est là. Tous descendent du loup gris, du *Canis lupus*, c'est-à-dire du loup sauvage (aussi nommé loup commun ou loup gris). C'est aujourd'hui une certitude[47]. C'est d'ailleurs pourquoi le nom scientifique du chien est *Canis lupus familiaris*. Un loup domestique en somme !

Selon des recherches, qui s'appuient aussi sur des analyses de l'ADN mitochondrial, la lignée du chien a commencé à se distinguer de celle du loup il y a environ 100 000 ans, mais il s'agit peut-être d'une lignée lupine ayant évolué de manière autonome. Récemment, des auteurs ont avancé que cette séparation est peut-être beaucoup moins ancienne, autour de 30 000 av. J.-C.[48].

---

47. Dans *Les Loups*, de Paul-Émile Victor et de Jean Larivière (Fernand Nathan, 1982), ouvrage antérieur à la découverte de cette généalogie, les auteurs s'interrogent, tout au long de plusieurs pages d'analyses précises, sur les origines du chien (« L'énigme du chien ») et passent en revue les différentes hypothèses. Ils finissent par privilégier celle qui conduit au loup, mais celle-ci demeure pour eux dans le domaine de la probabilité.

48. Cf. David Grimm, « Dawn of the dog », *Science*, 17 avril 2015, vol. 348, n° 6232, et Skoglund Pontus, « Ancient Wolf Genome Reveals an Early Divergence of Domestic Dog Ancestors and Admixture into High-Latitude Breeds », *Current Biology*, n° 25, 1er juin 2015.

Mais, si le chien a tant évolué jusqu'à aujourd'hui, du loup à toutes les races actuelles, c'est surtout à cause de l'homme qui l'a domestiqué.

Mais revenons à l'origine, laquelle se perd dans la nuit des temps. Elle est brouillée par de nombreuses incertitudes, qui sont autant de sources de débats. Il est vraisemblable qu'au début des louveteaux furent apprivoisés, tout le monde s'accorde là-dessus. Cela fut possible grâce à ce que l'éthologie a bien approfondi au XXe siècle, notamment par les travaux de Konrad Lorenz, à savoir l'empreinte ou l'imprégnation, qui est l'attachement de l'animal à la personne ou aux personnes avec qui il est au contact juste après la naissance, les loups se sont attachés à l'être humain au fil des générations. Cette imprégnation est possible jusqu'à 19 jours après la naissance pour un louveteau, jusqu'à 16 semaines pour un chiot. Néanmoins, des retours à la vie sauvage, des dédomestications, peuvent aussi advenir, comme pour le dingo d'Australie (*Canis lupus dingo*). Un des effets de la domestication, qui a apporté une nette différence, est l'aboiement du chien, incontestablement une de ses caractéristiques, alors que le loup, une fois adulte, ne l'utilise que rarement et brièvement. Sans doute, celui-ci a été développé par, et pour, une double fonction majeure du chien auprès de l'homme : celle de garder et d'avertir de la présence d'éventuelles menaces. Bien sûr, on en est réduit à conjecturer sur la façon dont se sont opérés le rapprochement, puis l'apprivoisement et enfin la domestication, laquelle se traduit par des modifications morphologiques, physiologiques et comportementales de l'animal, ce qui exige beaucoup de temps et de persévérance. Il y a sans doute eu auparavant une observation réciproque. L'être humain observe attentivement les animaux depuis très longtemps, certainement même depuis toujours. L'art pariétal, lors de la préhistoire, qui représente de très nombreux animaux, remonte au moins, selon les connaissances actuelles, au début du paléolithique supérieur, à une période située entre 40 000 et 30 000 av. J.-C., plus précisément à la subdivision que l'on nomme l'aurignacien, c'est le cas, par exemple, de la grotte Chauvet en France. Les animaux, de leur côté, ont côtoyé les hommes, les ont affrontés, les ont certainement observés et se sont sans doute souvent approchés d'eux, par opportunisme, attirés par les reliefs d'une chasse. De là est sans doute née une proximité qui a pu favoriser des apprivoisements avant la domestication. Et l'on sait que l'être humain chasse depuis au moins plusieurs centaines de milliers d'années… ! Encore aujourd'hui, il existe quelques sociétés humaines, notamment en Amazonie, où il n'y a pas de domestication des animaux, mais où l'on observe par contre très souvent des apprivoisements. D'autre part, ce processus de rapprochement qui a conduit à la domestication de celui qui allait devenir, selon l'expression consacrée le « meilleur ami de l'homme », a sans doute eu lieu en différents endroits de l'Eurasie, très éloignés les uns des autres. Néanmoins, de nombreuses interrogations demeurent.

Longtemps, on a pensé que la domestication du chien avait débuté entre 5000 et 10 000 avant notre ère. Puis, les progrès de l'archéozoologie (ou ethnozoologie) ont permis de repousser cette période de plusieurs milliers d'années en la situant tout à la fin du paléolithique, entre 10 000 et 15 000 av. J.-C. Nous avons de nombreux témoignages archéologiques de cela. Depuis quelques années, on estime qu'elle remonte bien plus loin dans le temps. En effet, des analyses récentes d'un crâne de canidé trouvé lors des fouilles des grottes de Goyet en Belgique, ont montré qu'il s'agissait d'un chien domestiqué vieux de 33 000 années, tandis qu'en Sibérie, dans la grotte de Razboinichya, les restes du « chien de l'Altaï », un crâne complet avec les mâchoires garnies de dents, datant de la même période, ont été retrouvés. Un peu plus près de nous, il y a quand même 26 000 ans, sur le site archéologique de Předmostí en République tchèque, les crânes de trois chiens aussi domestiqués ont été découverts[49]. Le plus étonnant est que

49. On peut trouver sur Internet les articles de plusieurs revues scientifiques sur ces recherches et des synthèses. Voir notamment les travaux de la paléontologue Mietje Germonpré de l'Institut royal des sciences naturelles de Belgique.

dans la gueule de l'un d'eux un os de mammouth a été glissé. Cela nous incite à penser à une attention particulière de la part des hommes, un geste de reconnaissance, peut-être même à un rite funéraire. Un autre élément tend à confirmer cette dernière hypothèse, un trou a été fait dans chacun des trois crânes. Selon les chercheurs, il pourrait s'agir d'une opération pour libérer l'esprit de l'animal après la mort. Cela nous en dit beaucoup sur les relations privilégiées de l'homme et du chien en ce temps. D'une part, un animal se voit ainsi décerner à sa mort une marque de grande reconnaissance de la part des humains. D'autre part, ceux-ci semblent lui reconnaître, c'est l'hypothèse émise, une destinée post-mortem, une vie dans l'au-delà. Enfin, ils accomplissaient eux-mêmes des rites funéraires pour l'animal, ce qui nous donne un signe fort que celui-ci était intégré au groupe humain, qu'il y avait sa place et sûrement sa ou ses fonctions. Nous en avons des confirmations plus tardives, comme sur le site sibérien de Shamanaka, vieux de plus de 8 000 ans, où un chien, ayant été guéri d'une grave blessure à la colonne vertébrale, a été enterré dans le cimetière des humains.

Pour savoir aujourd'hui si un chien est domestiqué et dans quelle mesure il est proche ou éloigné du loup, son ancêtre, la recherche considère plusieurs éléments. Ceux-ci se rapportent notamment à la taille de l'animal en général, souvent plus petite que celle du loup, celle de son museau et des dents. Plusieurs explications sont avancées pour éclairer cette évolution physiologique : les sélections opérées par l'homme, la modification des conditions de vie et de l'alimentation, ainsi le chien a acquis au contact de l'homme la capacité à digérer l'amidon[50], ou encore des bouleversements hormonaux engendrés par ces nouvelles conditions.

50. On peut penser que cette capacité s'est mise en place avant même l'apparition de l'agriculture. En effet, au paléolithique les humains cueillaient des céréales sauvages. On a retrouvé récemment des fragments d'une galette de céréales (plusieurs ont été utilisées), c'est le pain le plus ancien !, vieille de plus de 14 000 ans sur le site de Shubayqa 1 en Jordanie, donc bien antérieure, de 4 000 ans, aux débuts de l'agriculture dans cette région.

Ce changement anatomique accompagne et certifie en quelque sorte la domestication. C'était le cas des plus anciens ossements mis au jour en Belgique et dans l'Altaï. Par contre, les chercheurs qui ont examiné les crânes en question sont réservés quant à savoir si ce sont des ancêtres de nos chiens actuels. Ils ont tendance à y voir des lignées depuis très longtemps disparues. Mais cela n'infirme pas les récentes découvertes qui montrent que des domestications du canidé ont eu lieu à des époques très reculées. Étaient-elles sporadiques, sans lendemain ? Il est difficile de le croire, car la domestication exige du temps, beaucoup de temps et bien des générations pour s'opérer. Sa très grande ancienneté est donc incontestable, mais elle a besoin d'être étayée par d'autres exhumations. De plus, on peut constater que ce même phénomène a eu lieu dans des endroits très éloignés les uns des autres ; nous avons l'exemple de l'actuelle Belgique et de l'Asie centrale, plus précisément de l'Altaï. Y a-t-il eu diffusion d'une pratique à partir d'un lieu initial, ou différents groupes humains sans contact entre eux, au cours d'une même période, l'ont empiriquement mise en place ? D'autres questions sont posées : la domestication du chien a-t-elle été faite en une seule fois, ou a-t-elle eu lieu à plusieurs moments ? Avec des reprises, en raison de lignées qui se sont éteintes, voire des abandons ? Dans quel(s) espace(s) a-t-elle eu lieu ? Selon de récentes recherches[51], qui restent à confirmer, des loups auraient été domestiqués lors de périodes différentes en Europe et en Asie. D'autres analyses génétiques[52] montrent que les premières domestications eurent lieu en Europe, il y a au moins 18 800 années et au plus 32 100 années ! Par la suite, les chiens d'Asie auraient supplanté les lignées européennes issues du paléolithique au cinquième millénaire avant notre ère. Pareillement,

51. Cf. David Grimm, « Dogs may have been domesticated more than once », *Science*, 3 juin 2016, volume 352, n° 6290.

52. Olaf Thalmann *et al.*, « Complete Mitochondrial Genomes of Ancient Canids Suggest a European Origin of Domestic Dogs », *Science*, vol. 342, n° 6160, 15 novembre 2013.

quelques millénaires plus tard, les chiens venus d'Europe ont totalement remplacé les chiens de l'Amérique précolombienne, eux aussi originaires d'Asie. On admet aujourd'hui que plusieurs croisements avec des sous-espèces de loups, présentes en Europe, en Asie et en Amérique du Nord, ont été effectués. Sans nul doute, de nouvelles découvertes nous apporteront d'autres informations, peut-être décisives, sur cette histoire qui s'est considérablement allongée dans le temps ces dernières années. En comparant avec d'autres ossements de chiens mis au jour sur différents sites, à d'autres époques, on peut ainsi avancer sur notre connaissance de l'évolution de ce canidé et de sa relation avec les humains.

Par contre, il y a une chose sur laquelle tout le monde s'accorde. Le chien – bien qu'il soit plus juste de dire le loup – est le premier animal domestiqué par l'homme, longtemps avant les autres, très longtemps avant. Cette antériorité se compte en milliers d'années pour ceux qui privilégient une hypothèse basse, un peu plus de 20 000 ans, pour ceux qui sont en faveur d'une hypothèse haute. Peut-être y a-t-il eu des tentatives antérieures dont les lignées et les vestiges ont disparu ? Nous n'avons aucune trace à ce jour en faveur de cette éventualité, même si l'on a retrouvé des crânes de loups avec des restes humains datant d'époques bien plus anciennes, comme dans le site de Zhoukoudian en Chine (celui de l'Homme de Pékin, un *Homo erectus*), vieux de 780 000 ans, selon de nouvelles datations pour les couches les plus anciennes. Il s'agit là d'une espèce éteinte, plus petite que l'actuel loup gris, nommée *Canis variabilis*, également *Canis mosbachensis variabilis*. On a également retrouvé des restes de loup et d'humains à Boxgrove, dans le Kent en Angleterre, datés de -400 000 et dans la grotte du Lazaret, à Nice, occupée de -190 000 à -130 000. Dans ces deux cas, ce sont sans doute des animaux qui ont servi de repas et les peaux de fourrures, mais qui sait ? Les animaux en question n'étaient certes pas domestiqués. Était-ce l'esquisse des premiers rapprochements ? Ces restes montrent au moins l'intérêt, et l'attention qui l'accompagne, des êtres humains pour cet animal… et pour bien d'autres.

Pourtant, au paléolithique, le loup est très peu représenté dans l'art pariétal. Le plus célèbre est celui de la grotte de Font-de-Gaume, à Les Eyzies-de-Tayac en Dordogne, qui date du magdalénien, la toute dernière période du paléolithique.

Illustration 9 : le loup peint dans la grotte de Font-de-Gaume, daté du magdalénien, dernière période du paléolithique, de 15 000 à 10 000 av. J.-C. D'après le dessin de Henri Breuil publié dans *Men of the old stone age. Their environment, life and art* de Henry Fairfield Osborn, Charles Scribner's Sons, 1915.

Par ailleurs, on a retrouvé des dents de loup dans des parures et quelques représentations de l'animal gravées sur des fragments d'os. Cette moindre place, de plus tardive (à Font-de-Gaume), peut paraître paradoxale. Cela est sans doute dû au fait que les loups n'entraient que très peu dans les raisons qui ont poussé à la réalisation des œuvres du paléolithique, je pense notamment à l'art pariétal pour lequel bien des hypothèses ont été avancées par les spécialistes[53].

53. Cf. Gwenn Rigal, *Le Temps sacré des cavernes*, *op. cit.*

En somme, les hommes du site de Zhoukoudian, il y a donc quelque 780 000 ans pour les plus anciens, et sans doute d'autres, auraient connu les premiers ancêtres directs du loup gris. En effet, on estime que celui-ci est apparu il y a environ 800 000 ans au terme d'une très longue évolution de nombreuses espèces du genre *Canis*. Cette évolution a connu un moment décisif il y a 1,7 million d'années avec le « *wolf-even* », une expression du paléontologue italien Augusto Azzaroli (1921-2015), de l'université de Florence, en 1983[54], qui désigne une expansion massive des ancêtres du loup, dont le *Canis etruscus*, en Europe occidentale. L'évolution s'est poursuivie après 800 000 avant notre ère et de nombreuses sous-espèces (une quarantaine) existent aujourd'hui. D'autres espèces se sont éteintes comme le terrible *Canis dirus*, d'un mot latin signifiant « sinistre », « funeste », ou « cruel », en Amérique du Nord, le plus grand loup ayant existé, qui a disparu il y a 10 000 ans. Il pesait en moyenne de 80 à 90 kg et possédait une dentition plus puissante que celle du loup actuel avec une tête plus large, mais des pattes légèrement plus courtes. Sa corpulence générale était comparable aux spécimens les plus imposants des actuels loups du Grand Nord. Aujourd'hui, l'un des plus petits loups, le loup d'Arabie (*Canis lupus arabs*) ne dépasse guère les 20 kg et mesure 66 cm au garrot tout au plus, tandis que le loup arctique (*Canis lupus arctos*), l'un des plus grands, pèse en moyenne 45 kg – avec des individus pouvant aller jusqu'à 80 kg – mesure jusqu'à 80 cm au garrot et au moins 1,20 m du bout du museau à la pointe de la queue. Certains individus de plusieurs sous-espèces peuvent dépasser ces dernières mensurations avec plus de 80 kg et plus de 1,50 m dans toute la longueur. Les mâles sont généralement un peu plus grands et un peu plus lourds que les femelles.

54. Augusto Azzaroli, « Quaternary mammals and the "end-Villafranchian" dispersal event – A turning point in the history of Eurasia », *Palaeogeography, Palaeoclimatology, Palaeoecology*, volume 44, n° 1–2, novembre 1983, Éd. Elsevier.

Le premier animal domestiqué, donc. Bien longtemps avant tous les autres. Les domestications suivantes ont débuté il y a un peu plus de 10 000 ans : ce furent tout d'abord celles de la chèvre, du mouton et du bœuf. Peut-être y a-t-il eu, avant le loup devenu le chien, des échecs de domestication d'autres espèces ? Ou plus modestement des rapprochements, des apprivoisements, l'installation d'une commensalité régulière ? Nous n'en savons rien et nous n'en avons aucune trace à ce jour. Toujours est-il qu'il est aujourd'hui de tous les animaux domestiques, ou qui ont été domestiqués dans l'histoire et dont nous avons connaissance, le premier, et de très loin.

Une révolution pour l'humanité !

J'y vois un tournant dans l'histoire de l'humanité. Certes, celui-ci s'est effectué avec une très grande lenteur au regard d'une vie humaine. Il a fallu des milliers d'années ! Mais c'est une grande première et ses prolongements se poursuivent aujourd'hui. Les humains ont non seulement construit pour la première fois une alliance durable avec un animal, mais, en plus, ils ont intégré cet animal dans l'intimité quotidienne de leur existence et du cadre social de celle-ci. Il faut bien prendre toute la mesure exceptionnelle de cette nouveauté qui nous paraît peut-être banale aujourd'hui, mais qui était complètement inédite et dont nous n'imaginons sans doute pas le bouleversement qu'elle a apporté. Une révolution même ! Cela suppose un regard particulier sur l'animal, une prise de conscience d'une complémentarité possible, voire d'affinités, sans doute aussi, déjà, l'émergence de sentiments à son égard, par-delà son utilité et les intérêts communs. La domestication exige une intention et même une détermination qui s'inscrivent dans la durée. Le contexte climatique, avec ses variations, ainsi que son influence sur la flore et la faune y ont-ils contribué ? Nous l'ignorons. Mais, il a certainement fallu pour que les êtres humains la mettent en œuvre toute une évolution à la fois psychologique, sociale et même spirituelle, cette dernière s'inscrivant sans doute dans le chamanisme, dont on connaît le lien profond avec les animaux, par ses rituels, ses pratiques et ses croyances, et qui semble avoir été au cœur des sociétés du paléolithique supérieur[55].

Cette alliance a permis d'apporter une grande aide aux sociétés humaines du paléolithique et des périodes suivantes. Le nouveau membre alerte face à toute menace par ses aboiements et s'avère un gardien redoutable. Surtout, le « loup-chien » est un auxiliaire très efficace pour la chasse, car il piste et rabat le gibier vers les chasseurs. Il peut également attaquer à lui seul et s'emparer de certaines proies. Enfin, tout en conjuguant ces diverses fonctions, il est devenu un animal de compagnie, un compagnon fidèle lié par un lien affectif réciproque dont de multiples histoires ont montré depuis qu'il peut être incroyablement fort. Au fil du temps, les hommes ont opéré des sélections et des croisements pour valoriser et développer telle ou telle caractéristique du chien, que complète le dressage, comme le combat, la chasse, la garde, la traction, l'accompagnement et, aussi, n'ont pas hésité à en faire un repas ! Ils se sont appuyés pour tout cela sur la sociabilité naturelle de l'animal, sur son respect de la hiérarchie (à l'image de la meute), sur son sens du territoire, sur son altruisme pour son groupe et sur sa grande capacité d'adaptation. Ils ont vraisemblablement choisi les éléments les plus dociles et soumis. De son côté, l'animal reçoit de la nourriture en partage. De l'affection aussi.

Selon certains chercheurs, cette alliance a eu des conséquences capitales dans l'histoire de l'humanité. C'est ce qu'affirme Pat Shipman, professeure d'anthropologie, aujourd'hui à la retraite,

55. Cf. Jean Clottes et David Lewis-Williams, *Les Chamanes de la préhistoire*, Points, 2015.

de l'université d'État de Pennsylvanie, dans son ouvrage *The Invaders : How Humans and Their Dogs Drove Neanderthals to Extinction* (Harvard University Press, 2015). Pour l'anthropologue américaine, *l'Homo sapiens*, qui est arrivé en Europe il y a 40000 ans environ[56] et dont les descendants constituent la seule espèce humaine actuellement, a fait alliance avec le loup. Cela lui a permis de mieux chasser le gros gibier et de rapporter un plus grand nombre de proies et par conséquent d'être mieux nourri, en meilleure santé et plus fort. Dans la concurrence d'alors avec l'homme de Néandertal (*Homo neanderthalensis*), autre espèce humaine présente sur le continent européen plus de 200000 ans avant l'*Homo sapiens* et le double si l'on y inclut les Prénéandertaliens, cet atout aurait été décisif. Il aurait même entraîné l'extinction des Néandertaliens qui auraient alors, en raison des succès cynégétiques de l'*Homo sapiens*, selon le raisonnement de Pat Shipman, eu moins de ressources. Les hypothèses sont nombreuses concernant cette disparition : maladie, faible fécondité, événement géologique (éruption volcanique), modifications climatiques avec une offensive du froid qui cause une extension de la calotte glaciaire et des grands glaciers vers le sud, laquelle entraîne une réduction des territoires habitables et des ressources, des carences alimentaires, une fusion génétique partielle avec l'*Homo sapiens*[57], des conflits avec celui-ci, etc. La cohabitation entre les deux espèces humaines en Europe, dont les effectifs de chacune se comptaient vraisemblablement en dizaines de milliers d'individus dans les périodes fastes sur l'ensemble du continent, a tout de même duré de 5000 à 10000 ans

56. 45000 ans pour les plus anciennes traces selon des découvertes faites dans la grotte de Cavallo, en Italie dans les Pouilles. Cf. revue *Nature*, volume n° 479, 24 novembre 2011, « The earliest modern humans in Europe » ; article mis en ligne sur le site de la revue le 2 novembre : « Early dispersal of modern humans in Europe and implications for Neanderthal behaviour. »

57. On sait que l'*Homo sapiens* eurasiatique actuel a quelques gènes de l'homme de Néandertal, de 1 à 4 % de son génome. D'après des études génétiques, cette transmission de gènes s'est effectuée il y a plus de 50000 ans, peut-être au Proche-Orient.

selon les régions ! Les ultimes vestiges de Néandertaliens en Europe de l'Ouest, à Gibraltar, sont vieux de 26 000 ans (grotte de Gorham). Ce fut donc un phénomène très lent. Aussi, si l'on ne peut exclure des affrontements occasionnels, dont nous n'avons aucune trace à ce jour, ils ne furent certainement pas systématiques. En revanche, une concurrence de fait est plausible. L'*Homo sapiens* semble avoir été mieux outillé, mieux organisé, doté d'une plus grande faculté d'adaptation. Il a peu à peu repoussé et supplanté les Néandertaliens qui ont fini par disparaître. Si l'alliance avec le loup n'est sans doute pas la cause unique du succès de l'*Homo sapiens* et de l'extinction des Néandertaliens, il est fort possible qu'elle ait contribué à cette évolution alors que les conditions de vie étaient pour le moins rudes.

Pierre Jouventin, ancien directeur de recherche en éthologie au CNRS, a été jusqu'à poser l'interrogation suivante[58] : « Le chien serait-il à l'origine de notre civilisation ? » Pas moins ! Pour lui, l'alliance avec le loup aurait été un avantage décisif pour l'*Homo sapiens* en lui permettant une domination, sur la faune, dont la mégafaune, et les autres espèces humaines, mais aussi en lui offrant plus de ressources, notamment en protéines. Il note que : « Les ethnologues, qui ont suivi des chasseurs-cueilleurs comme les bushmen du Kalahari, ont constaté qu'ils rapportaient trois fois plus de gibier quand ils étaient accompagnés d'un chien. » Il avance l'hypothèse que cet atout a peut-être entraîné un développement démographique, mais a aussi amené la raréfaction du gibier, obligeant les chasseurs-cueilleurs à se sédentariser pour élever les animaux et pour cultiver. De là viendraient, avec l'aide des changements climatiques, les transformations radicales au néolithique.

58. « Le chien a-t-il fait l'homme ? », *Sciences humaines*, n° 262, août-septembre 2014. Parmi les livres de Pierre Jouventin, le passionnant *Kamala, une louve dans ma famille*, préface de Boris Cyrulnik, Flammarion, 2012, relate une expérience pour le moins peu commune en l'analysant aussi avec son regard scientifique : l'adoption d'un louveteau nouveau-né qui devient un membre de sa famille.

Les enseignements d'une symbiose extraordinaire

Pierre Jouventin nous donne aussi d'autres observations particulièrement éclairantes pour notre sujet. L'homme et le loup partageaient la même niche écologique. Outre qu'ils avaient de nombreuses proies en commun, ils chassaient de la même manière : en groupe. Cela les aurait rapprochés. Le pas aurait été franchi avec cette « alliance ». Ils auraient compris cette proximité et tout l'avantage que l'on pouvait en tirer, puis mis leurs compétences et capacités en commun, chacun en tirant un profit. Ils seraient ainsi passés de la concurrence à la complémentarité et au partage.

Nous avons beaucoup appris ces dernières années grâce à la génétique et à l'analyse des recherches archéologiques. Nul doute que d'autres découvertes à venir nous en apprendront davantage. Néanmoins, les matériaux dont nous disposons nous fournissent déjà de très nombreux indices. Les observations de Pierre Jouventin, en plus de tout ce qui vient d'être évoqué, nous conduisent au cœur du sujet, à savoir la relation de l'homme et du loup, avec ses nombreuses facettes, laquelle se perd dans la nuit des temps, et le pluriel de ce dernier mot convient parfaitement ! Cette relation s'est en outre complexifiée au fil de l'histoire. Chaque modification dans les conditions de vie des sociétés humaines a apporté un nouveau regard sur cette relation engendrant un nouveau vécu de celle-ci, parfois bien différent, et même jusqu'à l'opposition avec ce qu'il avait pu être antérieurement.

Il faut bien comprendre que la domestication du loup n'est pas identique aux autres domestications, bien plus récentes. Celles-ci sont aussi le résultat des grandes modifications climatiques et environnementales allant de l'extrême fin du paléolithique et du mésolithique au néolithique et de la sédentarisation qui s'affirme alors, très lentement. Avec le loup, outre qu'il s'agit d'une grande première, et l'on ne doit pas sous-estimer le saut psychologique et social considérable que cette nouveauté a exigé, il y a là quelque chose qui est de l'ordre du compagnonnage. Certes, avec les siècles et les millénaires, le chien est devenu lui aussi un animal domestique, mais il a conservé une très grande familiarité et un lien très privilégié avec les êtres humains.

Mais remontons le temps jusqu'à cette immense période au cours de laquelle les premiers loups furent domestiqués. Qu'est-ce qui a permis cela, par-delà l'utilité pour les deux espèces en présence ?

La première chose, ce que souligne également Pierre Jouventin, est sans doute cette conscience chez l'être humain que le loup est l'animal le plus proche de celui-ci, plus que le chimpanzé nous assure-t-il, non par sa morphologie bien sûr, mais par son existence et sa vie, notamment sa vie sociale dans cette microsociété qu'est la meute, comparable à la petite tribu humaine. Les chasseurs-cueilleurs du paléolithique, eux aussi grands prédateurs, n'ont pu que constater une ressemblance en ce qui concerne la chasse menée par une meute de loups et les siennes. On peut aussi penser que l'organisation hiérarchique de la meute, qui n'a pas dû changer depuis cette très lointaine époque à la différence des évolutions des sociétés humaines, n'a pas été sans frapper les hommes de ce temps. Cette organisation se manifeste notamment dans la chasse qui est lancée et arrêtée par le couple lupin dominant, lequel prélève aussi en premier la viande obtenue. Il a fallu que cette similitude soit très forte, et très fortement perçue, pour que l'être humain en vienne à estimer que le loup pourrait être agrégé à son clan.

Il est vraisemblable aussi que les hommes ont étudié les stratégies mises en place par les loups pour capturer des proies. Ils ont peut-être même appris d'eux. Ce qui a pu susciter de l'estime, sinon de l'admiration, outre le sentiment d'une grande proximité et d'une synergie bénéfique pour les deux parties. En effet, cette alliance, il a fallu que les humains la désirent, puis la pensent afin qu'elle se réalise. Et il a fallu ensuite des générations attentives et ingénieuses pour mettre en place le processus de domestication qui était une nouveauté absolue. Il est d'ailleurs fort possible que l'expérience retirée par les humains de la domestication du loup au fil des millénaires ait pu servir pour les domestications ultérieures d'autres espèces.

Celle-ci nous apporte donc un témoignage exceptionnel sur le regard porté sur le loup par les êtres humains d'alors. Regard extrêmement positif qui engendre une amitié réciproque très forte entre deux espèces bien différentes de la classe des mammifères. Cette amitié ne s'est non seulement jamais démentie, mais a toujours prouvé sa très grande force et sa fidélité exemplaire, sources de magnifiques et très émouvantes histoires, jusqu'à aujourd'hui.

Du côté de l'animal, il paraît évident que celui-ci a désiré et a accepté cette amitié, au moins pour un bon nombre. Au début, certainement par intérêt. Il a lui aussi observé les êtres humains et a certainement profité des restes laissés par ceux-ci. Il s'y est sans doute habitué et cela a entraîné un rapprochement que l'on désigne, lorsqu'il s'installe, sous le nom de commensalisme, c'est-à-dire qu'il a bénéficié de la nourriture des humains de manière régulière et consentie. Cette fréquentation suivie aurait pu être le point de départ d'une autodomestication, une hypothèse souvent avancée actuellement. Dans l'autre sens, d'aucuns ont observé que les hommes ont pu aussi parfois prélever une part sur les proies tuées par des loups. Par la suite, l'apprivoisement et surtout le fait que des louveteaux ont pu s'imprégner des êtres humains, peu après la naissance, ont sans doute été des étapes déterminantes dans ce processus.

Cette alliance nous en apprend aussi beaucoup sur les hommes du paléolithique. En effet, ceux-ci se sont reconnus dans le loup et la meute, sa vie et son organisation. On peut penser qu'il s'agissait pour eux d'un modèle enviable, sinon d'un modèle qui correspondait peu ou prou à leur propre organisation et à leurs idéaux, ou tout simplement à la conscience qu'ils avaient des sociétés humaines et de leur fonctionnement. Ils ont souhaité l'incorporation dans celles-ci des qualités observées chez les loups et ont pensé que cela était possible. Dans le cas contraire, comment auraient-ils désiré et mis en place cette alliance et son prolongement très durable qu'est la domestication ? Cela nous montre aussi qu'ils avaient une très haute idée de l'animal et de ses qualités.

Allons audacieusement un peu plus loin ! Si l'on se penche sur la vie des loups dans tous ses aspects, on ne peut qu'être frappé par de nombreuses ambivalences. En voici quelques-unes. Ce sont des animaux très affectueux et joueurs entre eux au sein d'une même meute, mais ils peuvent aussi affronter d'autres meutes pour le contrôle d'un territoire jusqu'à la mort. Très soudés au sein de la meute et très méfiants à l'égard des autres loups, il leur arrive néanmoins d'accepter et d'intégrer des loups solitaires venant d'autres meutes. Bien que très tendres en famille, attentifs les uns aux autres, notamment aux plus jeunes, n'hésitant pas à s'entraider, dévoués jusqu'au sacrifice de leur propre existence et serviables, ils sont aussi impitoyables à la chasse envers les autres animaux, et le spectacle de celle-ci et surtout de la mise à mort de la proie peut être très rude pour toute « âme sensible ». Malgré cela, on connaît aussi quelques cas étonnants d'enfants humains, appelés « enfants sauvages », qui ont été adoptés par une louve et une meute, même si d'autres enfants furent attaqués et tués au cours de l'histoire. Ils montrent le plus grand respect pour la hiérarchie au sein d'une meute, mais ils la mettent en cause régulièrement, pour tester sa valeur et sa légitimité. Ils sont très attachés à leur meute et au territoire de celle-ci, qu'ils connaissent parfaitement, mais ils peuvent aussi très bien la quitter pour explorer d'autres territoires en espérant fonder une meute dans l'un d'entre eux. Tous ces comportements, toutes ces ambivalences, on les retrouve dans les sociétés humaines et chez l'être humain, y compris au paléolithique ! Cela n'a certainement pas échappé aux hommes de ce temps qui l'ont bien compris et qui ont dès lors estimé qu'une alliance des deux espèces était possible sur ces fondements. Les êtres humains se sont reconnus dans toutes ces ambivalences et ont constaté une identité de comportement. Par conséquent, on peut aussi dire que c'étaient – déjà ! – des caractéristiques humaines dont ils avaient pleinement conscience. D'autre part, on peut aussi observer que cela révèle l'existence d'une réflexion sur leur propre humanité, laquelle réflexion s'affirme dans la comparaison avec l'autre. Et cet autre, en l'occurrence, s'avère identique par bien des traits de son comportement, tant individuel qu'en groupe, par-delà la très nette différence morphologique. Le loup est ainsi apparu comme un double animal de l'être humain. Celui-ci a tenté de réduire la distance le séparant de l'animal farouche. Et ce dernier y a consenti !

Cette vision du loup a sûrement constitué l'une des strates parmi les plus anciennes de la relation complexe des êtres humains avec cet animal. Héritage très lointain, elle est demeurée dans la mémoire de l'humanité et s'exprime dans des mythes et des légendes, mais aussi dans l'imaginaire et la culture. Autant de germes d'une fascination qui s'est enracinée dans l'humanité. Depuis le paléolithique, d'autres facettes, d'autres strates, parfois antinomiques avec les précédentes, se sont ajoutées.

Le chien est finalement un « loup rempli d'humanité », pour reprendre l'expression de Jean de La Fontaine, dans *Le loup et les bergers*. Il a avec l'être humain une relation très forte et très fidèle. Cette relation a fait évoluer son comportement ainsi que sa morphologie au fil des millénaires. Cette étonnante évolution est le fruit d'une symbiose extraordinaire. Mais une autre évolution n'est pas moins inouïe dans l'histoire de l'humanité. Celles d'hommes, de groupes et même de peuples qui ont revendiqué un caractère lupin ou un héritage du loup. L'animal a été vers l'homme, mais, de l'autre côté, dans le même temps, l'homme s'est rapproché de l'animal, parfois au plus près possible.

III. Un modèle

Les peuples loups

L'estime de l'homme pour le loup fut si grande dans l'histoire de l'humanité que des êtres humains et des peuples ont désiré lui ressembler et l'ont choisi pour modèle. Les qualités que le canidé exprime ont impressionné les êtres humains à un tel point, et cela depuis au moins des dizaines de milliers d'années, que beaucoup d'entre eux ont souhaité ardemment les acquérir. Commençons par les peuples.

Nous avons vu que Gengis Khan et des peuples turcs se reconnaissaient un loup, ou une louve, pour ancêtre. Cette singulière généalogie est également revendiquée par de nombreux autres peuples[59]. Ainsi, dans l'Italie préromaine trois tribus se réfèrent à un loup ancêtre du groupe. C'est le cas des Lucaniens. Jérôme Carcopino a remarqué en son temps, il n'y a pas loin d'un siècle[60] :

> Pline l'Ancien[61] [...] nous met d'un mot sur la voie : à l'entendre, les Lucaniens sont des Samnites qu'avait conduits à la victoire un certain Lucius. Ce chef porte le nom d'un dieu-loup, Apollon lukeios, dont les Romains firent Apollon lycius. C'est l'homme-loup [...]

L'association des Lucaniens et du loup est présente dans leurs légendes et sur les monnaies. Héraclide du Pont, au IVe siècle av. J.-C., a soutenu que le terme même de Lucaniens signifie « Loups »[62]. Longtemps adoptée, cette traduction est aujourd'hui rejetée. Autre exemple, Les Hirpini, tribu installée dans l'actuel

---

59. Pour cette question, j'ai notamment utilisé l'article de Bernard Sergent intitulé « Ethnozoonymes indo-européens », paru dans *Dialogues d'histoire ancienne*, XVII, Paris, 1991.

60. Dans *La Louve du Capitole*, *op. cit.*

61. Au troisième livre de son *Histoire naturelle*, Folio, 1999.

62. *Fragmenta historicorum Graecorum*, Vol. 2, Forgotten Books, 2018.

Bénévent, l'arrière-pays de Naples, de *hirpus*, « loup » en sabin, vouaient un culte au loup. Leur nom signifierait « ceux qui appartiennent au loup ». Dans un passage de son ouvrage nommé *Géographie*, Strabon rapporte (livre V, 4, 12) que ce nom vient de ce qu'un loup les a guidés lorsqu'ils sont venus s'établir sur leur territoire. Enfin, troisième illustration dans la péninsule italienne, les Hirpi-Sorani, les « Loups du Soracte », autre tribu sabine, avaient un culte, dont les rites se déroulaient au mont Soracte au nord de Rome, où le loup jouait un rôle important. Un oracle leur avait intimé de se « faire semblables à des loups », en d'autres termes de vivre de rapines.

D'après Jérôme Carcopino, dans *La Louve du Capitole*, ce sont très certainement des Sabins, peuple qui comprenait de nombreuses tribus comme les Lucaniens, les Samnites, les Hirpini et les Hirpi Sorani, qui furent à l'origine de la célébration des Lupercales. Il explique que le loup est « au premier plan des Sabins [...] animal, à la fois craint et vénéré ». Il n'envisage pas une éventuelle influence étrusque. Pourtant le loup, sur la place duquel nous avons peu de témoignages écrits, semble jouer un rôle important dans cette tradition, notamment en relation avec les Enfers.

Toujours en Italie, sur la côte Adriatique, les Daunii, un peuple que l'on pense d'origine illyrienne, ont un nom qui signifie vraisemblablement « Loups »[63]. D'autres peuples, en Europe occidentale, furent appelés « Loups ». C'est le cas de la tribu celtique des Volques dans l'actuel Languedoc, mais pour certains chercheurs ce nom aurait plutôt le sens de « Faucons ». Le premier nom des Lombards, d'origine scandinave, était les Winnili, que l'on traduit également par « Les loups ». Plus à l'est de l'Europe, parmi les peuples slaves, les Vélètes, une branche des Wendes, étaient nommés par leurs voisins Volki, « Loups », ou encore Lutices, sans doute « Bêtes féroces ». Bernard Sergent signale

63. Selon Bernard Sergent, art. cité, qui rapproche ce nom du phrygien *daos*, « loup ».

également que le nom du peuple des Lemovii, évoqué par l'historien romain Tacite, situé vers l'embouchure de l'Oder, signifierait les « Aboyeurs ». Il s'agirait d'une périphrase les désignant en réalité comme étant des loups.

Dans le domaine grec, la Lycie, en Asie Mineure, mérite une mention, c'est quasiment le « Pays des loups ». Toutefois, cette traduction est discutée. Selon des mythographes, comme Ovide et Hygin, Léto (Latone pour les Romains) aurait été guidée par des loups dans cette région. Par ailleurs, plusieurs noms de personnages connus provenaient de celui du loup. Citons le législateur spartiate Lykurgue (Lycurgue), d'après certains « Conducteur de loups », ou « Celui qui mène le loup » ; pour d'autres « Celui qui écarte les loups » (Anatole Bailly, *Dictionnaire grec-français*). Selon les premières acceptions, mais la même hypothèse est aussi possible pour la dernière traduction, cela sous-entend que des peuples grecs, comme des groupes de personnes, s'identifiaient à des loups. Le même nom est porté par plusieurs rois, dont un de Némée, par un orateur athénien du IVe siècle av. J.-C., et par de nombreuses autres personnes. On trouve aussi une quantité importante de noms avec le mot « loup » à la racine, par exemple Alykos, Autolykos, Lykomède, Lykon, Lykos, petit-fils de Tantale. Une famille sacerdotale d'Athènes portait le nom de Lykomide. La ville d'Argos, qui vénérait Apollon Lykeios, prit pour emblème le loup[64]. On a retrouvé des pièces de monnaie de cette cité à l'effigie de cet animal, parfois entouré de rayons, une illustration du lien souvent évoqué entre le mot grec pour dire le loup, *lykos* (orthographié aussi *lukos*), et celui pour la lumière, *lyké*. L'association des deux est ainsi explicitement faite par Macrobe dans *Saturnales* (livre I, chapitre 17), qui souligne aussi le lien

64. Une synthèse : Alexandre Marcinkowski, « Sanctuaire et culte d'Apollon Lykeios à Argos : un état de la question », *D'Orient et d'Occident. Mélanges offerts à Pierre Aupert*, Ausonius Éditions, 2008. Également, de Claire-Françoise de Roguin, « Apollon Lykeios dans la tragédie : dieu protecteur, dieu tueur, "dieu de l'initiation" », *Kernos*, n° 12, 1999.

entre le loup et la lumière du jour naissant, peut-être y a-t-il là l'explication pour les rayons qui entourent le loup dans certaines monnaies de la cité de l'Argolide, dont le nom lui-même indique en grec quelque chose de brillant (par sa racine *arg-*). Ses habitants s'appelaient eux-mêmes « Loups ». Certains Arcadiens – dont le nom provient lui de celui de l'ours, en grec *arktos* – du mont Lykaion se nommaient aussi parfois « Loups ». Macédon, héros éponyme de la Macédoine, était d'après certains auteurs, fils de Lykaon. Au Iᵉʳ siècle av. J.-C., selon Diodore de Sicile (*Bibliothèque historique*, livre I, 18), il était fils d'Osiris et frère d'Anubis qui lui, portait une peau de chien tandis que Macédon était revêtu d'une peau de loup, deux animaux dont « ils imitaient le courage ». En somme, le loup et le chien sont donc présentés dans ce récit comme frères ! Faut-il y déceler une réminiscence d'une époque lointaine où les hommes avaient encore conscience de cette parenté ? C'est pourquoi, nous dit en outre Diodore, « ces animaux sont en honneur chez les Égyptiens ».

Au nord de l'aire grecque, le nom des Daces, ancêtres des Roumains aussi appelés Gètes ou Thraces, provient selon Strabon (*Géographie* VII, 3, 12) de *Daoi* (à rapprocher du phrygien *daos*) et a le sens de « Loups » ou de « Ceux qui sont pareils aux loups ». Cette étymologie est généralement admise aujourd'hui, bien que parfois discutée[65].

Plus à l'est vivaient les Scythes, des peuples aussi indo-européens qui nomadisaient de la mer Noire à la mer d'Aral. Parmi eux, dans l'actuelle Ukraine, les Neures (ou Neuri), qui « ont les coutumes des Scythes », se changeaient quelques jours par an en loups selon Hérodote (*Histoires*, livre IV, 105). L'historien grec, qui se montre pour le moins sceptique, ne mentionne pas la

---

65. Cf. Mircea Eliade, « Les Daces et les loups », dans *De Zalmoxis à Gengis Khan. Études comparatives sur les religions et le folklore de la Dacie et de l'Europe orientale*, Payot, 1970. Cette étymologie est contestée, sans explication, par Sorin Paliga (université de Bucarest) dans « La divinité suprême des Thraco-Daces », *Dialogues d'histoire ancienne*, vol. 20, nº 2, 1994, note 6, p. 142.

période de ce changement. C'est dommage pour nous, mais nous pouvons avancer l'hypothèse, en nous appuyant sur la comparaison avec d'autres légendes et des rites de différents folklores, qu'il devait s'agir de l'hiver et du passage d'une année à l'autre. Plus à l'est, dans le bassin aralo-caspien, vivaient, plusieurs siècles avant notre ère également, trois tribus scythes, dont les Haumavarka[66], littéralement « Loups du haoma ». Le haoma, l'équivalent du soma hindou et du nectar grec, est la liqueur sacrée souvent divinisée qui procure force, extase et ivresse.

Dans le territoire iranien, au sud de la mer Caspienne, une région était appelée dans l'Antiquité Hyrkania, « Pays des loups ». Les Grecs appelaient ses habitants Hyrkanoi, « Les loups ». Ils sont nommés en iranien Varkana, du vieux-perse *varka*, « loup ». Cette région, le Mazandaran, aujourd'hui plaine de Gurgan (Gorgan), encore « Les loups », mais en persan moderne, était réputée peuplée de « démons ». Certains de ses habitants furent parfois nommés Gurgsaran, « têtes de loup ».

En Amérique du Nord, plusieurs groupes amérindiens portent le nom de « Loups », rien d'étonnant de la part de populations pour qui les animaux jouent un très grand rôle dans la pensée, les mythes, les légendes, les rites et la vie spirituelle. Pour eux, le loup est à la fois un chasseur et un guerrier hors pair ainsi qu'un guide au-delà des frontières visibles de notre monde. Ainsi, au nord-est, les Lénapes étaient nommés « Loups » par les Français. Un de leurs clans, les Munsees, s'appelle aujourd'hui Tùkwsit, le « Clan du loup ». Non loin, de la même manière, les Mohicans étaient aussi appelés « Loups » par les Français. C'est aussi le cas d'une autre tribu proche, les Mohegans, qui se désignent eux-mêmes comme étant le « Peuple du loup ». Dans le nord-est également, chez les Iroquois, confédération de plusieurs tribus, des clans portaient souvent le nom d'un animal, notamment du loup. Situés au centre

---

66. Par contre, la traduction du nom des Dahae, autre tribu scythe, par « Loups », est aujourd'hui abandonnée par beaucoup de chercheurs.

des actuels États-Unis, un des grands groupes des Pawnees avait pour nom la fédération Skidi ou Skiri, terme provenant de *tski'ki*, « loup ». C'est pourquoi il était aussi connu sous le nom de « Loup » ou *Wolf Pawnee*. Une affirmation contemporaine de cette étroite relation, entre les Pawnees et l'animal, s'affiche au centre de l'actuel drapeau de la nation Pawnee, datant de 1977 : une tête de loup de couleur rouge y a été dessinée. Une autre illustration de ce lien étroit est présente dans la mythologie des Quileutes, peuple amérindien établi au nord-ouest des États-Unis, dans l'État de Washington, qui relate que les ancêtres de celui-ci étaient des loups transformés en humains.

Illustration 10 : dessin de Roger Begey d'après un loup figuré sur une pierre picte du VIIe siècle conservée à l'Inverness Museum and Art Gallery en Écosse.

Une autre manière de se réclamer du loup était d'adopter une filiation symbolique par l'intermédiaire des armoiries. En France, ce sont plus de 1 200 familles qui ont inscrit cet animal sur leurs blasons. La province basque de Biscaye l'a également porté sur ses armes comme, autres exemples, la ville de Blois, dont le nom provient du mot celtique pour désigner le loup, *bleiz*, qui a donné le prénom Blaise, tout comme Sienne et Lecce en Italie. La présence du loup sur des monnaies anciennes est une autre image de ce lien, comme en Lucanie, ou à Argos dans la Grèce antique, ou encore sur des pièces de monnaie de plusieurs tribus gauloises, entre autres les Carnutes, les Pétrocores, les Bituriges Cubes et les Sotiates. Cela explique que d'aucuns le considèrent comme un animal-totem.

Enfin, comment ne pas mentionner les innombrables noms et prénoms qui comportent le mot « loup » dans différentes langues, parmi ceux-ci, Wolfgang et Rudolf, dans les pays allemands, Leloup, Leleu, Louvel, Raoul et Arnoul, entre autres, en France, Otchoa au Pays basque, Lupo, Lupini, Lovati en Italie, Lopes, Lopez et Llopis dans la péninsule ibérique, Dewulf en Belgique, Farkas en Hongrie, Wilk en Pologne, O'Faolain en Irlande, Dib dans les pays de langue arabe, et une multitude d'autres[67]. Il est aussi souvent donné chez les peuples amérindiens, par exemple les chefs apaches *Si-tah-le*, « Pauvre loup », et *Ah-zaah*, « Loup des prairies », ou, les chefs cheyennes *Little Wolf* (aussi *Little Coyote*, *Ó'kôhómôxháahketa*), « Petit loup » (1820-1904), et *Wolf Robe* (*Ho'néhevotoomáhe*), « Robe de loup » (né entre 1838 et 1841-1910), ou encore le pacifique *Yellow Wolf* (*Ho'néoxheóvaestse*) « Loup jaune », qui mourut âgé de 85 ans en 1864 lors du massacre de Sand Creek. Ce même nom, *Yellow Wolf*, était aussi celui d'un guerrier des Nez-Percés (vers 1855-1935), une tribu située au nord-ouest par rapport au territoire des Cheyennes. Aujourd'hui, les Nez-Percés sont associés à la gestion du loup avec les pouvoirs publics dans l'Idaho, à la suite du retour de l'animal dans cet État à la fin du XXe siècle. Ils s'occupent notamment du suivi des meutes sur le terrain. George Catlin (1796-1872), qui a effectué de

67. Cf. Michel Pastoureau, *Le loup. Une histoire culturelle*, Seuil, 2018.

nombreux voyages parmi les tribus indiennes, principalement d'Amérique du Nord, des années 1820 à 1860, au cours desquels il a peint et dessiné ce qu'il a vu, raconte[68] :

> Je me rappelle qu'un jour, peignant le portrait d'un chef comanche, et lui ayant demandé son nom, un autre chef, assis près de lui, me dit : *Ish-a-ro-yeh* (« Celui qui porte un loup »). J'exprimai ma surprise et lui demandai s'il n'avait jamais porté un animal de cette espèce. « Oui, j'en porte toujours un », me répondit-il en soulevant la dépouille d'un loup blanc posée à terre derrière lui.

Le mot « loup » est aussi très présent dans les toponymes, notamment de villages, de hameaux et de lieux-dits, autant de témoignages d'une période où l'immense majorité de la société était rurale et où la confrontation avec cet animal était régulière.

L'appellation de « loup », seule ou associée avec un ou plusieurs autres termes, qui est si répandue, montre de manière remarquable à quel point cet animal a servi de modèle, aussi bien pour des peuples et des confréries que pour des familles ou des hommes. S'en réclamer revenait à vouloir incarner son esprit. On ne saurait rendre un plus bel hommage ni exprimer une plus haute estime.

Parmi les loups

Si des loups ont intégré les sociétés humaines, puis sont entrés toujours plus dans l'intimité et les activités de celles-ci, et sont devenus, au fil du temps, les chiens dont nous connaissons la très grande variété, dans l'autre sens, il est arrivé, très rarement, que

---

68. Dans *La vie chez les Indiens. Scènes et aventures de voyage parmi les tribus des deux Amériques*, traduit de l'anglais, Nabu Press, 2010.

des êtres humains soient acceptés au sein d'une meute et vivent avec des loups.

Les légendes, nous l'avons vu, rapportent de nombreux exemples. Mais il est difficile de discerner ce qui est de l'ordre du symbole, du sens figuré et de l'enseignement, et ce qui est de l'ordre de l'histoire. Par contre, il existe des témoignages récents avec des faits avérés.

C'est le cas avec ceux que l'on appelle les « enfants sauvages », à savoir de tout jeunes enfants abandonnés, puis retrouvés après avoir vécu plusieurs années avec des animaux, pour certains avec des loups. Dans le domaine de la littérature contemporaine, le célèbre ouvrage en deux volumes de Rudyard Kipling, *Le Livre de la jungle*, un double recueil de nouvelles paru en 1894, a popularisé ce sujet. Le personnage principal, Mowgli, est un « petit d'homme » que les loups ont recueilli et élevé. Pour les hommes, il est un « enfant-loup ». Cependant, même dans l'histoire récente plusieurs cas sont controversés. Néanmoins, il y a des exemples étonnants, comme celui bien connu de Marcos Rodríguez Pantoja en Espagne. Né en 1946, il fut abandonné à l'âge de 7 ans et trouva refuge durant douze ans auprès d'une meute de loups. Le retour parmi les humains fut difficile. Aujourd'hui encore (en 2018), il se dit déçu du monde des hommes et retournerait volontiers à la vie sauvage, mais les loups ne l'acceptent plus.

Parmi les intégrations réussies à une meute, le cas de Shaun Ellis est aussi hors du commun[69]. Ce n'est plus là un enfant abandonné qui survit grâce à l'aide d'animaux, mais un adulte qui intègre plusieurs meutes de loups délibérément, dont l'une complètement sauvage, au terme d'aventures très éprouvantes aux limites des capacités de l'être humain. Seule une motivation exceptionnelle, avec en plus une excellente condition physique et l'habitude de vivre « à la dure » – c'est un ancien membre d'un commando

69. Shaun Ellis avec Penny Junor, *Un homme parmi les loups*, Jean-Claude Lattès, 2011.

d'élite britannique –, à laquelle s'ajoute une très bonne connaissance des animaux, lui a permis de réussir ce prodige. Il est même devenu le mâle « alpha », c'est-à-dire dominant, à la tête d'une meute qui se trouve dans la réserve dont il s'occupe au sud-est de l'Angleterre ! Mais son expérience la plus étonnante se déroula aux États-Unis, dans l'Idaho, lorsqu'il devint durant plusieurs mois l'hôte d'une meute sauvage. « Les loups m'avaient accepté, protégé et nourri », raconte-t-il. Pour cela, il lui a fallu beaucoup de patience, pour attendre que les loups viennent à lui, et de témérité tout autant que de confiance, pour ne pas craindre une morsure fatale. Il lui a fallu aussi apprendre à les comprendre, ce qu'une longue fréquentation a rendu possible ; comprendre leur comportement, leur langage, l'organisation de la meute et la personnalité propre à chaque animal. Sa situation singulière l'a placé entre deux mondes, celui des loups et celui des humains.

Ainsi, les loups sauvages ou en semi-liberté, eux aussi, peuvent accueillir des êtres humains, comme d'autres animaux peuvent également le faire. Toutefois, à la différence notable de ces derniers, ils ne cherchent pas à les utiliser pour leurs propres intérêts, ni à les transformer pour les mêmes raisons, ni à les asservir. Néanmoins, cela demande à ceux-ci non seulement de les accepter tels qu'ils sont, mais aussi d'apprendre à les connaître et à vivre à leur manière en dormant avec eux, en mangeant la viande crue rapportée de leur chasse, en se soumettant à l'ordre hiérarchique de la meute. Pour Shaun Ellis, sa place dans la meute sauvage était celle d'un « loup de rang inférieur ». Cette très rude et très enrichissante fréquentation lui a donné la capacité, par la suite, d'être le membre alpha d'une meute en captivité et d'élever des louveteaux en tenant compte de ce qu'il avait vu et appris. Une expérience pour le moins rare et extrêmement difficile. Enfin, tous les cas que nous connaissons se déroulent pour les plus longues périodes sur quelques années, jamais toute une vie, ni, *a fortiori*, sur plusieurs générations d'êtres humains.

Les guerriers-loups

Le loup est un grand prédateur, l'un des principaux, sinon le principal aujourd'hui, dans l'hémisphère Nord. Ses qualités : endurance, mobilité, ruse et abnégation, en font un chasseur hors pair. Cela n'a pas échappé à l'être humain, depuis des dizaines de milliers d'années au moins, alors même que d'autres grands prédateurs très redoutables étaient présents comme l'ours des cavernes, le tigre à dents de sabre (homotherium), le rhinocéros laineux ou encore le lion des cavernes, puis le lion moderne qui a peuplé l'Europe jusque dans l'Antiquité et l'Asie où il ne subsiste aujourd'hui, en petit nombre, qu'en Inde.

Ces différentes raisons l'ont désigné comme le modèle et le meilleur emblème des guerriers. C'est même l'aspect le plus fort et le plus récurrent de son symbolisme. D'autres animaux ont eu aussi ce rôle et ont servi d'inspiration à des confréries guerrières, comme l'ours, notamment pour le *berserker* dans la tradition germano-scandinave, et dans d'autres régions du monde le léopard et la panthère en Afrique, ainsi que le jaguar en Amérique.

Être loup, ou le devenir, était une aspiration commune à nombre d'organisations guerrières indo-européennes. Une initiation permettait d'entrer au sein de la confrérie. Le guerrier devait acquérir les qualités propres à cet animal.

Aussi, le loup servit souvent d'emblème à des armées.

On le retrouve à la tête des légions romaines, également des armées daces avec le *draco* (un loup à corps de serpent-dragon) que l'on peut voir sur la colonne Trajane à Rome (IIe siècle), ou sur des étendards perses. En Asie centrale, les T'ou-kiue, des tribus proto-turques à la fin de l'Antiquité plaçaient une tête de loup en or au sommet de leurs étendards. Jean-Paul Roux[70] signale que la force de ce symbole était telle que, en 580, les Chinois

70. Dans *La Religion des Turcs et des Mongols*, *op. cit.*

donnèrent comme emblème de l'autorité suprême à celui qu'ils avaient choisi pour fédérer les tribus turques « un guidon surmonté d'une tête de loup en or ».

Illustration 11 : le « draco », corps de serpent et tête de loup, servait d'étendard dans les armées des Daces et d'autres peuples de l'Antiquité (Sarmates, Alains, Parthes, etc.). Il est représenté sur la colonne Trajane à Rome (début IIe siècle).

Les confréries d'hommes-loups

Un texte turc[71] affirme notamment à propos des qualités d'un chef : « Que sa force soit celle d'un loup. » Les qualités guerrières du loup sont pour une bonne part dans la volonté de certains peuples ou groupes de se parer de son image pour participer à sa nature et bénéficier de ses aptitudes. Ce désir se retrouvait parfois également dans des noms, comme celui d'un chef gaulois, roi des Éburons,

71. Jean-Paul Roux, *ibidem*.

dans l'actuelle Belgique, nommé Catuvolcus, « Loup de combat »[72]. Pareillement, le dieu Odin se désigne lui-même sous l'appellation d'*Hildolfr*, « Loup de combat », dans le *Skaldskaparmal* (I, 325, e).

Illustration 12 : reproduction d'une gravure sur bois d'une plaque de Torslunda (en bronze, en Suède) datant du début du Moyen Âge (VIe-VIIIe siècle). On y voit à gauche Odin et derrière lui un berserker.

Aussi, il n'est pas étonnant de retrouver dans ces traditions, germano-scandinaves, celtiques et autres, non seulement des individus, mais aussi des sociétés d'hommes qui affichent cette identification. Les récits scandinaves évoquent des groupes d'hommes très redoutés, les uns appelés *berserkir*, « guerriers à

72. Cf. Bernard Sergent, art. cité, qui reprend une information de Jules César dans ses *Commentaires sur la guerre des Gaules* (VI, 31, 5).

enveloppe d'ours » (singulier : *berserker* ou *berserkr*), cet animal étant l'autre grande référence des guerriers en Europe, en plus du lion (d'où l'expression « cœur de lion »), et les autres *ulfhednar*, « hommes à peau de loup ».

Un passage de *La Saga des Ynglingar* (chapitre VI), un texte médiéval, nous dit à leur propos :

> Ses hommes à lui [Odin] allaient sans cottes de mailles, enragés comme des chiens ou des loups, mordant leurs boucliers, forts comme des ours ou des taureaux. Ils tuaient les gens, mais eux, ni fer ni feu ne les navraient. C'est ce que l'on appelle la fureur des berserkir.

Le scalde (poète) Thorbjörn Hornklofi les décrit ainsi durant la bataille[73] : « Cottes d'ours rugissaient/c'était là train de guerre/ peaux de loup mugissaient/et secouaient le fer. » Quelques strophes après (strophe 21), il évoque plus particulièrement les *ulfhednar* : « Peaux de loup est le nom/de ceux qui dans la lutte/portent pavois [boucliers] sanglants ; [...] quand ils vont au combat/de concert ils agissent. »

Les pays celtes ont eu également des initiations guerrières liées au loup. Georges Dumézil signale, dans *Heur et malheur du guerrier*[74], la transformation en loup d'un héros du *Mabinogi de Math*, un écrit en langue galloise du XIVe siècle, reprenant certainement des traditions orales. Sous cette forme, il a, avec son épouse changée en louve, un louveteau. Celui-ci devient par la suite un petit garçon sous le nom de Bleiddwn, de *blaidd*, « loup ». Dans la Grèce antique, les exemples sont nombreux. Le cas des Arcadiens et des rites au mont Lykaion (mont Lycée) a été évoqué, tout comme celui, plus au nord, des Daces. Plus à l'est, dans le

73. *Hrafnsmal*, strophe 8, traduction de Renauld-Krantz dans *Anthologie de la poésie nordique ancienne. Des origines à la fin du Moyen Âge*, Gallimard, 1964.

74. Flammarion, 1999.

Caucase, des traces de tels groupes sont décelables chez les Ossètes, un peuple qui descend des Alains de l'Antiquité, eux-mêmes étant issus des Scythes. Un épisode de la vie du héros Batradz le montre[75]. Celui-ci souhaite un jour punir l'esprit protecteur de son village à coups de massue. Une poursuite s'engage. L'esprit cherche refuge dans la famille du génie de l'orage. Devant les menaces de Batradz, celle-ci refuse de protéger l'esprit poursuivi qui est obligé de fuir derechef devant la colère du héros. La même chose se produit avec la famille du génie du foyer. Enfin, l'esprit implore la protection des Tutyrtae, la famille du génie des loups. Tutyr lui-même demande à Batradz d'arrêter cette poursuite. L'attitude du héros change alors, totalement. Il confie : « J'étais bien décidé à ne pas le lâcher [...] Mais maintenant, j'ai scrupule [...] Comment ne pas tenir compte de votre prière ? Par égard pour toi, Tutyr, qu'il soit pardonné ! » Ce respect et cette considération d'un héros guerrier envers le génie des loups et sa famille – en laquelle il est possible de voir une confrérie – est un autre exemple éloquent des liens qui unirent cet animal, en tant qu'emblème et modèle d'existence, et les guerriers. Une autre illustration, relativement proche géographiquement, nous est fournie par un gobelet d'argent, datant du IIe millénaire avant notre ère, découvert dans le tertre de Karacham en Arménie[76]. Plusieurs scènes, principalement de chasse et de guerre, y sont figurées. Sur l'une d'elles, on peut y voir des guerriers portant une queue de loup.

75. « Batradz rosse l'esprit protecteur du village des Nartes », dans *Le Livre des héros. Légendes sur les Nartes*, *op. cit.*

76. Il est conservé au Musée national d'histoire de l'Arménie à Erevan.

Des sociétés similaires étaient présentes dans l'ancien Iran. Geo Widengren observe à cet égard[77] :

> Les origines de la société d'hommes iranienne [...] remontent aux temps aryens[78]. Elle est composée de jeunes guerriers [...] Les guerriers sont également appelés [...] « loup ». Leurs adversaires parlent d'eux comme de « loups bipèdes », plus dangereux que les loups quadrupèdes. Dans leur culte, ces hommes vénèrent un héros tueur de dragons [...] En Iran, c'est Mithra qui patronne ces confréries.

En Inde, les exemples sont moins nombreux. On a observé des traces de lycanthropie chez les Naga dans l'Assam. Néanmoins, il devait y avoir des confréries semblables, à l'image des Maruts, redoutables divinités qui accompagnent le dieu Indra. Celles-ci ont pour père Rudra, « Celui qui hurle », dieu à la fois destructeur et fécond associé à Shiva dans les textes post-védiques. Sous le nom de Sharva, il erre dans les bois sous la forme d'un loup.

Des confréries guerrières associées au loup ont aussi existé en Amérique du Nord, par exemple chez les Sioux Lakota[79].

---

77. Dans *Les Religions de l'Iran*, Payot, 1968.

78. Le nom d'Iran vient du vieil iranien (au IIe et Ier millénaires av. J.-C.) *airya* (*arya* en Inde), nom que se donnaient les peuples indo-européens, plus précisément indo-iraniens, qui se sont établis de l'actuel Iran à l'Inde du Nord. Les textes de l'Avesta, en vieil iranien, mentionnent une terre originelle nommée Airyanem-Vaejo, « berceau des Airyas », devenue Êran-Vej en moyen iranien (le pehlevi) au début du Moyen Âge, puis Iran en persan moderne.

79. Cf. « Confréries guerrières et confréries de rêveurs chez les Sioux Lakota », Dominique Aujollet, *Journal de la société des américanistes*, tome 83, 1997.

Les êtres cynocéphales

Les êtres cynocéphales sont des hommes avec une tête de chien. Ils sont mentionnés dans plusieurs traditions et des écrits. Cette question peut paraître en marge de notre sujet, elle est pourtant très proche et même liée. Les cynocéphales sont d'ailleurs parfois assimilés aux lycanthropes, donc aux hommes avec une tête de loup, avec des caractéristiques proches, sinon identiques[80].

Les plus anciennes, et nombreuses (une centaine) représentations datent d'au moins 6000 ans. Ce sont les lycanthropes des gravures rupestres du Messak Settafet, dans le Fezzan, au sud de la Libye. Elles proviennent d'une société de chasseurs-pasteurs du néolithique[81]. Les chercheurs parlent à leur égard d'hommes chiens ou de lycanthropes dans un sens très large. Ce sont des têtes de canidés qui ressemblent parfois à des chacals, et l'on ne peut s'empêcher de faire un rapprochement avec le dieu égyptien Anubis, le plus souvent à des lycaons. Ils sont souvent figurés dans des scènes de chasse. Mais peut-être s'agit-il du loup et non d'un chacal ou du lycaon. En effet, on a découvert récemment (première photographie en 2008 au Sénégal), l'existence du loup d'Afrique ou loup d'Égypte (d'abord nommé *Canis lupus lupaster*), une lignée très ancienne de loups gris demeurant sur ce continent (en plus du loup d'Abyssinie ou loup d'Éthiopie, *Canis simensis*). On l'identifiait jusqu'alors comme étant une sous-espèce autochtone du chacal doré. Il est signalé en Égypte, en Libye, en Algérie, au Maroc, jusqu'au Sénégal et au Mali. Une étude génétique publiée en 2015[82] lui donne le nom, datant du XIXe siècle, de *Canis anthus* et de loup doré d'Afrique. Elle montre qu'il est à la fois distinct du chacal doré et

80. Cf. Askold Ivančik, « Les guerriers-chiens. Loups-garous et invasions scythes en Asie Mineure », *Revue de l'histoire des religions*, CCX-3, 1993.

81. Une étude détaillée a été publiée par *Les dossiers d'archéologie*, « Art rupestre du Sahara », Éd. Faton, n° 197, octobre 1994.

82. Cf. Jean-Marc Landry, *Le Loup*, *op. cit.*; Klaus-Peter Koepfli *et al.*, « Genome-wide Evidence Reveals that African and Eurasian Golden Jackals Are Distinct Species », *Current Biology*, volume 25, n°16, 17 août 2015.

du loup gris tout en étant plus proche de ce dernier. Quoi qu'il en soit, il n'est pas impossible que ce que l'on pensait traditionnellement être une tête de chacal soit en réalité une tête de loup.

Les autres êtres cynocéphales connus le sont par une littérature qui en parle depuis l'Antiquité[83]. Nombreux sont les auteurs qui les mentionnent depuis Hésiode jusqu'au Moyen Âge.

Illustration 13 : un cynocéphale (gravure). Hartmann Schedel, *La Chronique de Nuremberg*, 1493.

Ils sont généralement situés du côté de l'Inde. Ils ont été parfois sculptés comme dans la basilique de Vézelay (XIIe siècle),

83. Cf. Claude Lecouteux, « Les Cynocéphales. Étude d'une tradition tératologique de l'Antiquité au XIIe s. », *Cahiers de civilisation médiévale*, no 94, avril-juin 1981.

dans la première voussure (4e compartiment) du tympan du portail central situé dans le narthex.

Une autre illustration, surprenante, se retrouve dans des icônes orthodoxes de saint Christophe où le saint est représenté avec une tête de chien. L'une d'entre elles est exposée au Musée byzantin et chrétien d'Athènes. La légende fait de lui un soldat géant cynocéphale qui aurait pris une figure humaine grâce au Christ[84]. Au début du Moyen Âge, plusieurs auteurs avaient rapporté la présence de guerriers cynocéphales redoutables au nord de l'Europe. Il ne serait pas étonnant qu'il s'agisse là d'un écho de confréries guerrières d'hommes loups. Le soldat qui est devenu saint Christophe a pu être l'un d'eux. Il reste la question de la mention dans ces écrits de la cynocéphalie, et non de celle de la lycanthropie, donc de la distinction faite entre l'une et l'autre. On peut observer d'une part que le chien et le loup sont encore souvent considérés comme proches, notamment quant à leurs qualités guerrières. Dans plusieurs textes, par exemple les descriptions de Paul Diacre au VIIIe siècle dans son *Histoire des Lombards* (livre I, 11), les caractéristiques des guerriers cynocéphales sont identiques à celles des guerriers loups.

« À la façon des loups »

Non seulement des guerriers prenaient l'apparence et les qualités du loup, mais, en plus, ils imitaient ses stratégies et ses manières d'agir. Pausanias le Périégète au IIe siècle (*Description de la Grèce*, IV, 11, 3-6) signale, à propos d'une guerre qui a lieu au VIIIe siècle av. J.-C., que des Arcadiens, vêtus de peaux de loups et d'ours, se sont inspirés de la tactique des loups pour combattre. Ils attaquent brutalement l'adversaire, puis se dégagent

84. Pierre Saintyves a étudié cette question en rassemblant de nombreuses sources dans *Saint Christophe, successeur d'Anubis, d'Hermès et d'Héraclès*, Éditions Signatura, 2007. Il s'attache à montrer que le saint a récupéré des attributs des divinités et du héros mentionnés dans le titre.

rapidement avant que celui-ci ne se reprenne. Ovide évoque lui aussi les Sabins – dont nous avons vu la vénération à l'égard du loup –, qui (*Les Métamorphoses*, XIV, 778-780), « à la façon des loups silencieux, sans prononcer une parole, assaillent les soldats vaincus par le sommeil et attaquent les portes ». De même, selon Mircea Eliade[85], Gengis Khan « avait développé à son maximum la méthode d'attaque des meutes de loups ».

Les guerriers-loups : de l'initiation à la fureur héroïque

Les confréries guerrières d'hommes loups présentaient des caractéristiques communes, cela dans différentes traditions.

Le changement de peau

Signe extérieur nettement identifiable de sa transformation, le guerrier était revêtu d'une peau de l'animal modèle, ours ou loup. Dans l'Antiquité, il pouvait aussi s'agir du lion quand cet animal était encore présent en Europe. Héraclès portant la peau du lion de Némée (en Argolide) en est l'exemple mythologique le plus célèbre. Par ce contact et avec cette apparence, le guerrier était censé acquérir les qualités et la force de l'animal. Le changement de peau équivalait à un changement d'état intérieur. La distance entre l'homme et cet animal est alors abolie. Cette abolition entraîne une modification radicale du comportement, des perceptions et du vécu.

Cette pratique semble extrêmement ancienne, bien plus que les gravures rupestres des lycanthropes du Messak Settafet en Libye, vieilles d'au moins 6 000 ans (voir *supra*). En effet, on trouve des représentations préhistoriques d'êtres hybrides, mélange de l'humain et de l'animal, des êtres zoomorphes,

85. Dans *Initiation, rites, sociétés secrètes*, *op. cit.*

aussi nommés thériomorphes, pour lesquelles de nombreuses explications ont été avancées[86]. La plus célèbre est celle du « chamane dansant » ou « sorcier », ou encore « dieu cornu », un être humain avec une coiffe de cerf et des parties provenant d'autres animaux, bien en vue dans la grotte des Trois-Frères, dans l'Ariège, datée du magdalénien, la dernière période du paléolithique supérieur, il y a plus de 12 000 ans et jusqu'à 17 000 ans avant le temps présent.

Illustration 14 : « Le chamane dansant » ou « sorcier », aussi appelé « dieu cornu », dans la grotte des Trois-Frères (à Montesquieu-Avantès, dans l'Ariège). Un être composite, animal et humain. Les peintures et gravures de cette grotte datent du magdalénien.

86. Cf. Sophie A. de Beaune, « Chamanisme et préhistoire. Un feuilleton à épisodes », *L'Homme. Revue française d'anthropologie*, n° 147, 1998.

Illustration 15 : reproduction à partir d'une photographie d'une des plaques d'argent du chaudron de Gundestrup, daté approximativement du IIe ou du Ier siècle av. J.-C. et conservé au musée national du Danemark. Au centre, le dieu gaulois Cernunnos, « dieu cornu », assis en tailleur. L'animal au-dessus du serpent est un loup.

Illustration 16 : quelque 15 000 années séparent le « chamane dansant » ou « sorcier » de la Grotte des Trois-Frères et ce chamane sibérien d'après l'explorateur hollandais Nicolas Witsen (1641-1717), image publiée dans son livre *Noord en Oost Tartarye* (1692). Un « prêtre du Diable » selon son auteur.

On y trouve aussi un homme avec une tête de bison jouant de la flûte. La plus ancienne représentation connue d'un être hybride humain et animal est une statuette en ivoire de mammouth, l'Homme-lion, un corps d'être humain avec une tête de lion des cavernes, découverte dans la grotte de Hohlenstein-Stadel, en Allemagne (Bade-Wurtemberg)[87], datée de l'aurignacien, il y a environ 40 000 ans !

À une époque bien plus récente, dans la *Völsunga saga*, au chapitre 8, récit médiéval germano-scandinave, deux Völsungs, Sigmund et Sinfjoetli, revêtent chacun une peau de loup. Ainsi parés, ils parlent et comprennent le langage des loups, hurlent comme eux. Ils accomplissent des exploits. Ainsi, Sinfjoetli tue onze hommes qui l'avaient attaqué. Au bout de dix jours, ils enlèvent leurs peaux et les brûlent.

Dans l'*Iliade*, au chant X, Homère relate que le Troyen Dolon se couvre d'une peau de loup avant d'aller espionner les Achéens en pleine nuit.

Illustration 17 : Dolon le loup. Céramique de l'Attique du ve siècle av. J.-C. conservée au musée du Louvre. Reproduction d'après une photographie.

87. La statuette est exposée au musée d'Ulm en Allemagne. Haute de 31 cm, elle a été presque complètement reconstituée en 2013 avec plus de 300 fragments. Ainsi, les représentations d'Héraclès portant la tête et la peau du lion de Némée ont, avec cette statuette, une très ancienne préfiguration.

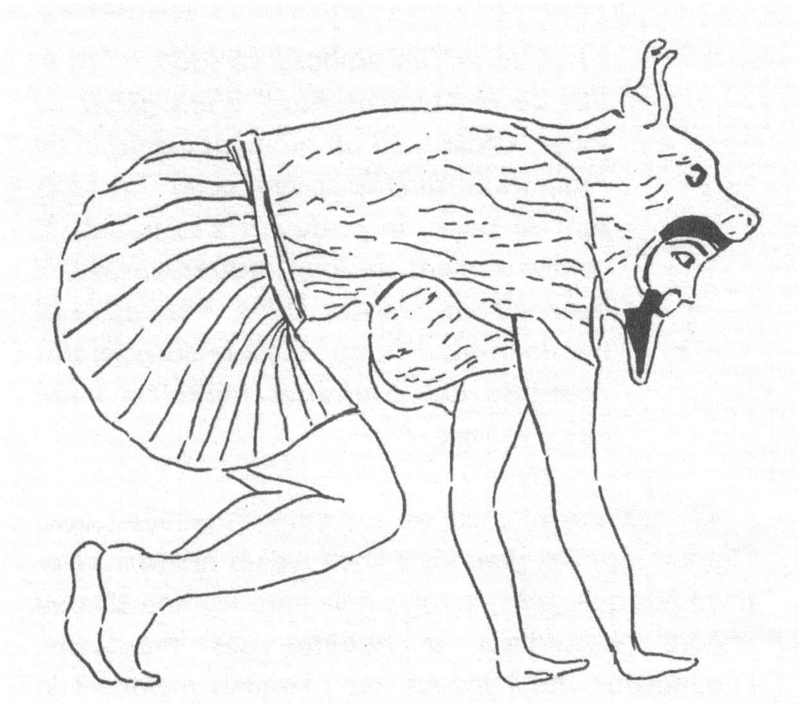

Illustration 18 : Dolon le loup. Dessin de Roger Begey d'après la céramique conservée au Louvre.

Ce personnage est également évoqué dans le *Rhésos*, œuvre attribuée au tragique athénien Euripide. Celui-ci décrit son habillement (vers 208-215)[88] :

> Je nouerai autour de mon dos la peau du loup et je poserai sur ma tête la gueule béante du fauve, adaptant à mes bras les pattes de devant, à mes jambes celles de derrière ; en marchant à quatre pattes, j'imiterai la démarche du loup, que les ennemis ne pourront pas découvrir.

88. Passage cité par Carla Mainoldi, *L'image du loup et du chien dans la Grèce ancienne d'Homère à Platon*, *op. cit.*

Son nom vient du grec *dolos*, « ruse ». Pour Homère (*Iliade*, X, 316), « son aspect est laid, mais ses pieds sont rapides ». Dolon est surpris, puis tué par Ulysse, lui-même petit-fils d'Autolykos, « Vrai loup » (qui est un fils du dieu Hermès) et modèle du guerrier rusé, ainsi que par Diomède, roi d'Argos en Argolide, ville dont nous avons vu le lien symbolique avec le loup, réputé pour sa fureur au combat (chant V).

Dans la légende ossète des Nartes, le héros Soslan parvient à vaincre un adversaire, qui se nomme Totyradz, grâce à la pelisse en peaux de loups qu'il a revêtue[89]. Polybe (*Histoires*, VI, 22, 3) rapporte que les vélites, combattants de l'infanterie légère de la République romaine, portaient parfois sur leurs casques une peau de loup ou d'ours.

Mircea Eliade explique[90] que le guerrier pouvait s'habiller avec la peau de l'animal après des épreuves qui avaient testé sa valeur :

> La métamorphose en loup – c'est-à-dire le revêtement rituel d'une peau de loup – constituait un moment essentiel de l'initiation dans le *männerbund*. En revêtant sa peau, le postulant s'assimilait le comportement du loup ; autrement dit, il devenait un guerrier fauve, irrésistible et invulnérable. « Loup » était le surnom des membres des confréries militaires indo-européennes.

Ce revêtement rituel est à mettre en parallèle avec l'importance des rites liés à l'octroi d'un nouveau vêtement, comme la toge virile, « *toga virilis* », chez les Romains dans l'Antiquité, qui marque le passage d'un état à un autre (de l'enfance à l'âge adulte pour l'exemple romain) et l'entrée au sein d'un groupe.

---

89. « Totyradz et Soslan », *Le Livre des héros*, *op. cit.*

90. Dans *Initiation, rites, sociétés secrètes*, *op. cit.*

La peau de loup pouvait être mise également en vue d'une chasse. Ainsi, Jean-Paul Roux[91] signale que les Bachkirs, un peuple turc d'Asie centrale, au Moyen Âge, « se revêtent d'une peau de loup et se glissent en rampant jusqu'à leur proie ».

Ce revêtement particulier pour la chasse a pu être aussi observé auprès de tribus d'Amérindiens. Un tableau de George Catlin, datant de 1832, en apporte un témoignage pictural. Il s'intitule *Buffalo Hunt under the White Wolf Skin*, « Chasse au bison sous la peau de loup blanc ». Il est conservé à Washington DC., au Smithsonian American Art Museum, dans la George Catlin's Indian Gallery de la Renwick Gallery. On y voit deux Indiens, chacun étant recouvert d'une peau de loup blanc et tenant un arc et des flèches, dans une vaste plaine, s'approcher furtivement à quatre pattes d'un troupeau de bisons.

L'accession à une autre personnalité

Dans son ouvrage, *Structures de la mythologie nordique*[92], Renauld-Krantz observe :

> Le mot qui désigne ces peaux, *hamr*, désigne d'une manière générale ce qui revêt, ce qui enveloppe, et par conséquent la forme, l'apparence, le corps, comme vêtement de l'âme [...] De sorte que revêtir le *hamr* d'un loup, c'est non seulement revêtir sa peau, mais sa forme et de ce fait participer à sa nature, devenir dans une certaine mesure loup soi-même.

Le guerrier change alors. Son comportement et sa conscience ne sont plus ceux d'un homme, mais d'un loup. La peau visible de l'animal est la forme extérieure d'un changement fondamental qui

91. *Op. cit.*

92. G.-P. Maisonneuve et Larose, 1972.

s'opère d'abord à l'intérieur de l'être. Ainsi, allant dans ce sens, pour Régis Boyer[93], le *hamr* est davantage la « forme interne ». Elle est utilisée lors d'un dédoublement. Nous le verrons.

La nuit et le noir

Nous avons examiné le lien étroit qui unit le loup, l'hiver et la venue des ténèbres. C'est pourquoi il n'est pas surprenant que les confréries en question aient tendance à choisir la nuit et le noir. Le guerrier loup homérique Dolon agit la nuit. Il souhaite arriver « sans être vu », précise Euripide dans le *Rhésos*. Le démon loup Lykas, qui hantait la ville italienne de Témèse, était d'une noirceur effrayante selon Pausanias. Au nord de l'Europe, l'*Egilssaga Skallagrimsonar* (I, 2-8) relate comment un dénommé Ulfr, « Loup », se change en loup la nuit. Quand vient le soir, son caractère se modifie. Il devient « farouche » et peu se risquent à lui parler. Il a la réputation de pouvoir se dédoubler. Il est appelé Kveld-Ulfr, « Loup du soir ».

L'historien et sénateur romain Tacite, dans *La Germanie*[94], rapporte sur les guerriers Harii, dont les caractéristiques rejoignent parfaitement celles des confréries guerrières étudiées ici :

> Quant aux Harii, en plus d'une puissance par laquelle ils dépassent les peuples que je viens d'énumérer, leur âme farouche enchérit encore sur leur sauvage nature en empruntant les secours de l'art et du moment : boucliers noirs, corps peints ; pour combattre, ils choisissent des nuits noires ; l'horreur seule et l'ombre qui accompagnent cette armée de lémures[95] suffisent à porter l'épouvante [...]

93. *Le Monde du double. La magie chez les anciens Scandinaves*, Berg international, 2014.

94. XLIII, Les Belles Lettres, 2002.

95. Chez les Romains de l'Antiquité, un lémure est le fantôme d'un mort.

Le nom Harii, inconnu des autres textes sur les Germains, désigne très certainement non pas une tribu, mais une confrérie. C'est l'avis de Jacques Perret, traducteur et annotateur du livre de Tacite. Il estime en outre que la signification de leur nom semble être « Les guerriers ». Selon Georges Dumézil[96], on retrouve ce nom dans celui d'*Einherjar* (*aina-harija*) que portent les élus d'Odin, les guerriers admis au Walhalla. Dans la tradition gréco-latine, la déesse Hécate prend parfois la forme d'une louve. On l'associe aussi parfois au chien. « Tu seras un chien, image d'Hécate qui apporte la lumière », dit ainsi le tragique athénien Euripide[97]. Elle préside à la sorcellerie et se trouve liée au monde des ombres. Enfin, dans l'ancien Iran, le drapeau des *mairya*, confréries guerrières, dont le membre est aussi appelé « loup » (*varka*), était noir[98]. Leurs vêtements et armures étaient également noirs. Ils se déplaçaient souvent de nuit.

L'ivresse

Leur force, outre leur entraînement et leurs aptitudes, les guerriers la tiraient de l'absorption d'un breuvage enivrant, selon certains témoignages. Si l'on ne peut pas généraliser l'utilisation de cette pratique, elle semble avoir été cependant très répandue. Cette ivresse peut être aussi procurée par d'autres moyens comme l'ingestion de plantes ou des danses. Cette ingestion, en plus de ses effets, imitait les dieux grands consommateurs de boissons qui confèrent puissance et immortalité comme le nectar (ou l'ambroisie selon d'autres auteurs), le haoma, le soma, l'amrita, etc. Ainsi, en guise d'alimentation, Odin n'absorbe que du vin.

96. Dans *Heur et malheur du guerrier*, *op. cit.*

97. Cité par Carla Mainoldi, *op. cit.*

98. Cf. Stig Wikander, *Der arische Männerbund: Studien zur indo-iranischen Sprach – und Religionsgeschichte*, Ohlsson, 1938.

Lorsque Indra, dans la tradition védique de l'Inde ancienne, s'apprête à occire le dragon Vritra, il ingurgite la liqueur sacrée, le soma.

Nous avons vu parmi les tribus scythes celle portant le nom d'Haumavarka, « Loups du haoma », ce que l'on peut aussi comprendre comme « ceux qui se transforment en loups », dans l'extase provoquée par le haoma. La *Völuspa* (strophe 11) mentionne un nain qui a pour nom Mjodvitnir, ce qui signifie « Loup de l'hydromel », expression scandinave qui semble similaire à *haumavarka*.

Dans *Les Bucoliques* (VIII, 95-98), Virgile signale une transformation en loup grâce à des herbes qu'il ne nomme pas. Il ne précise pas si celles-ci sont pressées ou pas[99] :

> Ces herbes et ces poisons cueillis dans le Pont[100], Méris lui-même me les a donnés : le Pont est fertile en poisons. J'ai vu, par leur vertu, Méris souvent se changer en loup et se cacher dans les bois.

Ces éléments et d'autres ne peuvent qu'inciter à penser que ces confréries utilisaient aussi des drogues, des potions et des onguents, une pratique utilisée dans les sociétés qui ont des démarches religieuses que l'on regroupe sous le terme générique de chamanisme. Ainsi, Homère, au chant X de l'*Odyssée*, évoque les breuvages de Circé qui est entourée de « loups montagnards et de lions ». Les compositions de ces potions et de ces drogues sont aujourd'hui le plus souvent perdues, même si l'on connaît des plantes qui ont pu entrer dans celles-ci.

---

99. Flammarion, 1993.

100. Le Pont, qui fut un temps un royaume dans l'Antiquité, était le nom d'une région située dans l'actuelle Turquie, autour des villes de Sinope et de Trébizonde (Trabzon), bordant le Pont-Euxin, nom antique de la mer Noire.

Une grande activité sexuelle

Au sein des confréries, l'entraînement, la chasse et l'activité guerrière s'accompagnaient d'une activité sexuelle qui pouvait être importante. Jean Przyluski remarque à ce propos[101] :

> L'activité des jeunes hommes n'est pas seulement orientée vers la chasse et la guerre ; elle est aussi réglée par la sexualité. L'importance du *männerbund* ne doit pas nous faire oublier que le groupe des jeunes filles, organisé ou non, est la contrepartie indispensable de la confrérie des garçons.

Ainsi, dans l'ancien Iran, ainsi que le précise Geo Widengren[102] :

> Les membres de cette société vivent dans la licence. Le *mairya* est accompagné de la *jahikâ* ou *jahî* [...], « prostituée ». Les éléments religieux les plus marquants sont la lutte contre le dragon et le rite de fécondité ; ils sont combinés dans la fête du Nouvel An [...] après sa victoire, le divin tueur de dragons épouse les femmes qu'il a arrachées à ses griffes.

Il en reste encore quelque chose dans la Rome antique si l'on en croit Florence Dupont[103] :

> Le soldat et le/la prostitué(e) reforment dans l'espace des camps, le couple symbolique opposant la masculinité vertueuse et l'efféminatiοn voluptueuse, omniprésent dans tous les espaces de la civilisation romaine et constitutif de la culture. Ce couple est figuré par le loup et la louve.

---

101. Dans « Les confréries de loups-garous dans les sociétés indo-européennes », *Revue de l'histoire des religions*, CXXI, 1940.

102. *Les Religions de l'Iran*, *op. cit.*

103. « La matrone, la louve et le soldat : pourquoi des prostitué(e)s "ingénues" à Rome ? », *Clio. Femmes, genre, histoire*, n° 17, 2003.

> Le loup, animal de Mars, symbolise la dimension sauvage de la sociabilité des jeunes hommes dans la guerre[104].

Odin, père et inspirateur des *ulfhednar*, possède plusieurs autres noms dont certains indiquent sa puissance génésique : Gautr, Gauti, « Celui qui verse, engendre, procrée », Gondlir, « Membre viril ». En Scandinavie, le terme *oden* est parfois employé avec le sens de « en rut ». Grand séducteur, il est aussi appelé Oski, « Qui désire ». Les Romains désignaient souvent les prostituées par le nom de « louve » (*lupa*) et, par-là, toute femme à la sexualité débridée, de là provient le terme lupanar. La raison avancée pour cette dénomination est que ces femmes imitaient le gémissement de la louve en chaleur pour attirer les clients. D'aucuns ont prétendu que l'une d'entre elles, nommée Acca Laurentia (ou Larentia), femme du berger Faustulus, fut la véritable nourrice de Romulus et de Rémus.

Le ravisseur

Les confréries guerrières se singularisaient aussi par leurs rapines.

> Les membres de la confrérie terrorisent les femmes et les non-initiés, et exercent en quelque sorte un « droit de rapine », coutume qu'on reconnaît encore, sous une forme atténuée, dans les traditions populaires de l'Europe et du Caucase. La rapine, surtout le vol des bestiaux, assimile les membres de la confrérie aux carnassiers[105].

104. Pour approfondir cette question des confréries guerrières de jeunes hommes et de leur rôle dans l'expansion indo-européenne : Bernard Sergent, « Les troupes de jeunes hommes et l'expansion indo-européenne », *Dialogues d'histoire ancienne*, 29/2, 2003.

105. Mircea Eliade, dans *Initiation, rites, sociétés secrètes*, *op. cit.*

Celles-ci sont peut-être un reliquat des conflits opposants nomades et sédentaires, ou les chasseurs et les paysans. Ces vols pouvaient également avoir eu un but éducatif comme cela fut le cas pour les jeunes Spartiates. Mais le loup, tout d'abord, est en concurrence directe avec le pasteur pour qui il est, effectivement et au premier chef, celui qui dérobe le bétail. Dans les langues iraniennes et indiennes, « loup » signifie aussi « ravisseur ». Ainsi, dans la tradition iranienne, précisément dans l'*Avesta* (*Yasna* IX, *Hom-Yasht* I, 21)[106], il est demandé : « J'implore de toi, ô Haoma [...] que nous soyons les premiers à voir le voleur, à voir le brigand, à voir le loup. » Dans la tradition grecque, le grand-père d'Ulysse, Autolykos, « Vrai loup », était réputé être un voleur efficace, que l'on ne peut saisir (Hygin, *Fables*, 201), et un homme rusé, des dons qu'il aurait reçus de son père, le dieu Hermès. Dans l'Italie antique préromaine, les Hirpi Sorani ont compris l'injonction de l'oracle qui leur disait de vivre en loups comme signifiant vivre de rapines.

Des épreuves initiatiques

L'entrée dans la confrérie guerrière comportait des épreuves ayant pour but de tester les aptitudes, le courage et la volonté du guerrier. Cela est valable pour toutes les confréries guerrières. Mircea Eliade relate[107] :

> On devenait *berserkr* à la suite d'une initiation, comportant des épreuves spécifiquement guerrières [...]
> À travers ces épreuves, le postulant s'appropriait le mode d'être d'un fauve : il devenait un guerrier redoutable dans la mesure où il se comportait comme une bête de proie.

106. Traduction de James Darmesteter, librairie d'Amérique et d'Orient Adrien Maisonneuve, 1960 (1re édition : 1892-1893).

107. *Initiation, rites, sociétés secrètes*, *op. cit.*

Il se transformait en surhomme parce qu'il réussissait à s'assimiler la force magico-religieuse partagée par les carnassiers.

La fureur héroïque

Ces aptitudes et l'excitation liées à la modification de la conscience débouchent et se regroupent dans la principale caractéristique des confréries guerrières, notamment celles associées à des animaux : la fureur héroïque.

Les guerriers en question possédaient de nombreuses qualités : force, habileté, courage, endurance, ardeur. Ces qualités, ils les augmentaient considérablement par une sorte de transe et d'emportement qui leur permettaient d'acquérir une énergie dépassant nettement les habituelles capacités humaines. Les Scandinaves nommaient cet état « fureur des berserkir » (*berserksgangr*). Il fut parfois assimilé à une grande colère. Au XIe siècle, le chroniqueur et géographe Adam de Brême[108], parlant du dieu Odin, écrit en latin « *Wodan id est furor* », en employant un nom provenant du bas saxon (ou bas allemand occidental, *Plattdeutsch*). Il assimile ainsi le dieu scandinave à cette fureur. Par son autre forme, dans d'autres langues germaniques, à savoir Wotan, il a donné le terme allemand *wut*, signifiant « fureur », mais aussi « rage » et « colère ». Il faut noter que la racine étymologique provient de l'indo-européen **wat*[109], qui traduit la notion d'inspiration prophétique et d'extase[110]. On la retrouve dans le latin *vates*, devin, prophète, poète – lequel a donné le français vaticiner – ou le vieil irlandais *fāith*, « prophète ». Aussi, il n'est pas étonnant qu'Odin soit

108. « Description des îles nordiques », « *Descriptio insularum aquilonis* », quatrième livre de sa *Gesta Hammaburgensis ecclesiae pontificum*.

109. L'étoile indique qu'il s'agit d'un terme reconstitué.

110. Vincent Samson, *Les Berserkir. Les guerriers-fauves dans la Scandinavie ancienne, de l'âge de Vendel aux Vikings (VIe-XIe siècle)*, Presses universitaires du Septentrion, 2011.

également le dieu de la poésie. Il est intéressant de voir à ce propos que cette fureur, tout comme l'ivresse, n'ont pas uniquement été perçues comme physiques et mentales, mais aussi comme spirituelles. La force est alors aussi élévation intérieure. Cela peut sembler quelque peu paradoxal lorsque l'on évoque de redoutables guerriers. Pourtant, des traditions en rendent compte. Ainsi, les Courètes, dans la mythologie grecque, possédaient un don de prophétie. Pour être admis au sein des Fianna, guerriers légendaires dans l'Irlande préchrétienne, il fallait être lettré et connaître la poésie. Odin est non seulement associé à la guerre et au loup, mais également, outre la poésie, au savoir et à la sagesse. Des figures historiques, au Moyen Âge, illustrent cette association de la guerre et de la poésie comme Guillaume IX d'Aquitaine, Bertran de Born, Richard Cœur de Lion, Thibaud IV de Champagne et Wolfram von Eschenbach.

Cette fureur est aussi associée à un grand dégagement de chaleur. Ainsi, on attribuait au héros de la tradition irlandaise Cuchulainn, « Chien de Culann », une « fureur guerrière qui fait fondre la neige à trente mètres de lui »[111] ! De même, le héros ossète Batradz est obligé lorsqu'il se bat longuement de se plonger régulièrement dans une rivière ou dans la mer, car « il se sent brûlant ». On le décrit même parfois assis en haut d'une montagne, la tête posée sur un glacier pour se rafraîchir ! Lorsqu'il a revêtu la peau de loup indispensable à sa mission, le Troyen Dolon « s'en va par la route plein d'ardeur », nous dit Homère (*Iliade*, X, 339). L'historien al-Mada'ini disait des Turcs qu'ils demandaient à un guide habile les qualités de dix animaux, dont « l'ardeur au combat du loup »[112]. Dans l'ancien Iran, la fureur, Aeshma, fut considérée comme un démon issu de l'ivresse. Elle caractérise aussi les *mairya*. L'équivalent sanscrit, *ishmin*, qualifie aussi les Maruts, équivalents

111. Dans le récit de la mythologie celtique irlandaise nommé *Táin Bó Cúailnge*, « Razzia des vaches de Cooley ».

112. Cité par Jean-Paul Roux dans *La Religion des Turcs et des Mongols*, *op. cit.*

divins des *marya* indiens (lesquels correspondent aux *mairya* iraniens).

D'après les textes scandinaves, à la fureur succède une grande faiblesse. Le guerrier devient alors pantelant, sans force, vulnérable.

Ivresse et puissance – guerriers, héros et monstres

Dans les confréries guerrières se côtoient les deux aspects qui s'expriment dans le symbolisme du loup et ses représentations : l'un positif et constructif, l'autre négatif et destructeur. Les hommes loups sont des guerriers d'élite et les protecteurs efficaces d'une communauté. Mais l'ivresse peut également dégénérer. Alors l'extase et la force guerrière deviennent démence, et poussent à tout détruire sans distinction, à tel point que des textes scandinaves mentionnent des guerriers, relevant de ces groupes, qui, dans un accès de fureur aveugle, massacrent leurs compagnons d'armes.

Cette dualité se retrouve dans des textes traditionnels avec d'autres explications. Ainsi, dans la tradition iranienne, l'*Avesta* (*Yasna* X, *Hom Yasht* II, 6-7-8) distingue deux ivresses. L'une provient du haoma, boisson sacrée, elle élève, l'autre s'avère démoniaque et rabaisse. Le même livre (*Râm Yasht*, Yasht 15) mentionne aussi deux aspects opposés dans la même divinité guerrière, à savoir Vayu, dieu de l'atmosphère et du vent, en d'autres termes de l'espace intermédiaire entre terre et ciel, puisqu'il différencie « la part de Vayu qui appartient à l'Esprit du bien et la part de Vayu qui appartient à l'Esprit du mal ».

Dans la tradition gréco-latine, le mythe de Lykaon se fait aussi l'écho d'une situation où la fonction guerrière l'emporte et s'abandonne à des égarements criminels. Zeus, ou Jupiter chez Ovide, décida alors la fin de celle-ci, impie et funeste, par un déluge, celui dont les survivants sont Deucalion et Pyrrha. Hésiode qualifie cette « race » dont Lykaon était un éminent représentant de « terrible et puissante » (dans *Les Travaux et les jours*). Elle s'adonnait, dit-il, « aux travaux gémissants d'Arès et aux œuvres de démesure ». Ses membres, précise-t-il aussi, sont « effrayants ».

À l'opposé, Hésiode décrit, également dans le même livre, la « quatrième race », aussi guerrière, mais bien différente. Celle-ci est « plus juste et plus brave, race divine des héros que l'on nomme demi-dieux ». Les guerriers sont là auréolés d'une gloire immortelle, car ils ont assumé avec abnégation, courage et fidélité leur rôle.

Une tribu de « loups » dans la Bible : la tribu de Benjamin

Les caractéristiques des peuples loups et des confréries guerrières d'hommes loups se retrouvent dans une tribu biblique : la tribu de Benjamin. Celle-ci est issue de Benjamin, « fils de la droite »[113], qui est qualifié de « loup » par son père, Jacob, lorsque celui-ci accorde des bénédictions à ses fils et affirme les spécificités de chacun d'entre eux et de leurs descendants. Il dit à propos de Benjamin (*Genèse* IL, 27. *TOB*) : « Benjamin est un loup, il déchire, le matin il mange encore [autre traduction : "il dévore la proie"], et le soir il partage les dépouilles. »

L'histoire des descendants de Benjamin et de sa tribu nous les montre en marge des autres tribus, parfois même en guerre contre elles, bien que leur territoire soit central, il englobait initialement la ville de Jérusalem et le nord immédiat de celle-ci. Ils sont

113. Après avoir été appelé initialement Ben-Oni, « fils de ma douleur (ou du deuil) », par sa mère Rachel, de l'hébreu *rahel*, « brebis », qui mourut en le mettant au monde (*Genèse* XXXV, 18). Ce fut par conséquent le dernier enfant du couple, de là le mot benjamin qui désigne le dernier enfant d'une famille.

présentés comme des guerriers redoutables et téméraires comme Ehud (*Juges* III). Ils soulèvent l'indignation des autres Israéliens lors du meurtre de Gibéa (ou Guivéa) (*Juges* XIX-XX). Remarquons que celui-ci est la conséquence de violences sexuelles et a été commis la nuit. Devant le refus de la tribu de Benjamin de livrer les coupables, une guerre éclate entre eux et les autres tribus d'Israël. Au passage, le *Livre des Juges* indique leur valeur guerrière, car « tous ceux-ci, avec la pierre de leur fronde, étaient capables de viser un cheveu sans le manquer » (XX, 16. Traduction : *Bible de Jérusalem*). Après plusieurs jours de combat, il faut l'intervention de Yahvé pour que la victoire revienne aux autres Israéliens : « Et Yahvé battit Benjamin devant Israël » (*Juges* XX, 35). Ensuite, la majeure partie de la tribu vaincue fut passée « au fil de l'épée », ainsi que le bétail, et les villes furent brûlées (*Juges* XX, 48). Toutefois, pour que cette tribu ne s'éteigne pas complètement, les Israéliens, pris de remords, acceptèrent pour assurer la descendance des survivants de la tribu que ceux-ci s'emparent par rapt des filles de Silo (*Juges* XXI, 15-23).

C'est pourtant dans cette tribu que Yahvé choisit le premier roi d'Israël, Saül (*Premier Livre de Samuel*, VIII-XII). Celui-ci s'avère un excellent guerrier. Mais il finit par être rejeté par Yahvé pour n'avoir pas exécuté tous ses commandants (*1 Samuel*, XV). Ses fils meurent, ainsi que lui-même, lors d'une bataille. David, de la tribu de Juda, lui succède.

Bien des siècles après, un membre de la tribu de Benjamin joue un rôle capital et décisif dans les débuts du christianisme : Saul de Tarse, plus connu sous le nom de saint Paul. Notons tout d'abord son origine géographique : Tarse, en Cilicie, dans l'actuelle Turquie, ville dont le « patron » religieux était Apollon[114] et qui avait un animal emblématique, que l'on peut voir sur ses monnaies, le… loup !

---

114. Pierre Chuvin y voit l'Apollon Lykeios, le grand dieu d'Argos, « Apollon au trident et les dieux de Tarse », *Journal des savants*, n° 4, 1981.

Saul se comporte dans un premier temps à l'encontre des premiers chrétiens comme un loup, « il ravageait l'Église » (*Actes des apôtres* VIII, 3). Puis, il fut converti, « retourné » dans un foudroiement, sur le chemin de Damas (*Actes des apôtres* IX), un peu comme furent « convertis » les loups par des saints médiévaux comme nous le verrons par la suite. C'est exactement l'explication que donne saint Augustin, dont on connaît la grande influence en Occident, dans son sermon CCLXXIX sur la conversion de saint Paul : « Ce loup se change en brebis, cet ennemi en défenseur. »

Les loups-garous

C'est dans l'Antiquité gréco-latine qu'apparaît peu à peu la figure du loup-garou. Elle est par contre très présente et répandue au Moyen Âge. Le débat sur cette question a divisé les écrivains et les intellectuels de l'Antiquité au XVIIe siècle. Récemment, des auteurs ont aussi avancé l'idée qu'une pathologie, la porphyrie, pouvait avoir inspiré des croyances relatives au loup-garou ainsi qu'au vampire[115].

L'étymologie du mot loup-garou demeure obscure et discutée. Elle pourrait signifier tout simplement « homme-loup ». Le mot proviendrait du bas francique *wariwulf*, de *wari* : « homme » (même racine que le latin *vir*) et *wulf*: « loup ». Au XIIIe siècle, il est appelé « leu garoul ». Garoul provient de *wariwulf*. Leu signifie « loup ». Leu garoul voudrait alors dire « loup homme-loup », un pléonasme donc. En Allemagne, le terme utilisé est *werwolf*, on y retrouve sans peine la parenté linguistique avec le bas francique *wariwulf*. En France, l'appellation variait d'une région et d'un patois à l'autre : garwall en Normandie, loup-voirou en

115. Sur cette question, voir l'étude vaste et approfondie de Xavier Yvanoff, *Le Mystère des loups-garous*, Le Temps présent, tome 1, 2012, tome 2, 2013.

Franche-Comté, libérou en Périgord, bisclaveret ou bisclavret[116] en Bretagne (sans doute de la racine celtique qui signifie « loup » : *bleiz*), etc. Les appellations sont très nombreuses. Parfois, le garou peut se transformer non seulement en loup, mais aussi en différents animaux, comme le voirloup au pays d'Othe, au nord de la Bourgogne, ou la ganipote ou galipote, présente notamment dans l'ouest de la France, de la Charente à la Touraine.

Le problème principal pour beaucoup d'auteurs se rapportait à la réalité de la transformation. S'agissait-il d'un homme ou d'une femme qui se croit loup, ou louve, au besoin en revêtant une peau de l'animal, tout en conservant son aspect humain, ou bien était-ce le fruit d'une transformation physique ? L'être humain, dans ce dernier cas, se mue alors en un loup souvent de taille et d'agressivité nettement supérieures aux loups sauvages.

Dans bien des cas, dès l'Antiquité et avant celle-ci, les exemples sont sans équivoque : il n'y a pas de transformation physique. Le changement concerne surtout et d'abord le mental. En revêtant la peau de l'animal, comme le Troyen Dolon et les *ulfhednar*, ce sont le comportement, les qualités et la force de l'animal qui sont adoptés. Autrement dit, devenir loup revient à prendre non pas tant son apparence que son comportement. Cependant, ce changement d'état psychique était si fort et si complet que ceux qui en bénéficiaient accédaient à une autre personnalité. L'exemple des *ulfhednar* qui s'attaquaient parfois aux hommes de leur propre camp est éloquent. Dans cet état modifié de conscience, les repères mentaux habituels se brouillent et s'estompent. Les *ulfhednar* sont dominés par d'autres forces et d'autres pulsions qui peuvent s'avérer brutales et difficilement contrôlables pour le psychisme habituel.

Dans l'Antiquité, le changement d'hommes en loups est plusieurs fois signalé ainsi que nous l'avons vu. Hérodote évoque

---

116. La poétesse Marie de France, au XIIe siècle, est l'auteur d'une histoire dans laquelle un seigneur se transforme en loup-garou : *Le Lai de Bisclavret*.

les Neures qui deviennent loups une fois par an durant quelques jours (*Histoires*, IV, 105), Platon les rites arcadiens au mont Lykaion (*La République*, VIII, 565) ; Pausanias aborde également la lycanthropie chez les Arcadiens lors de sacrifices à Zeus Lykaios (*Description de la Grèce*, VIII, 2, 6) ; Ovide narre la transformation de Lykaon en loup (*Les Métamorphoses*, I, 237-240 ; II, 495-496) ; Virgile mentionne un dénommé Méris qui se change en loup (*Les Bucoliques*, VIII, 95-98) ; Pétrone raconte comment le soldat Nicéros assiste à la transformation d'un autre militaire en loup lors d'une nuit de pleine lune, « on y voyait comme à midi » (*Satyricon*, LXII). On pourrait multiplier les références.

Illustration 19 : lycanthrope étrusque sur un plat de Vulci du VIe siècle av. J.-C. conservé au musée national étrusque de la Villa Giulia à Rome. Reproduction d'après une photographie.

Si dans la Grèce homérique et classique, c'est un changement d'état mental et comportemental qui est relaté, il ne semble pas en être de même dans la Rome antique. Si l'on en juge par exemple par l'histoire racontée par Pétrone au Ier siècle, qui prend soin de préciser « que les incrédules en pensent ce qu'ils voudront », certains estimaient qu'il y a réellement transformation physique. Cela explique que Pline l'Ancien, au Ier siècle aussi, estime nécessaire d'affirmer par écrit son rejet d'une telle idée et d'une telle croyance (*Histoire naturelle,* VIII, 34) : « On a dit que des hommes se changeaient en loups, puis reprenaient leur forme ; nous devons croire fermement que cela est faux ».

Quelques siècles plus tard, saint Augustin (IVe-Ve siècle) se penche sur cette question, dans *La Cité de Dieu*, pour y apporter un éclairage chrétien[117]. Il reprend notamment l'exemple des Arcadiens. Il estime que les démons « ne sont pas créateurs de natures » (XVIII, 18). Par conséquent, les démons ne peuvent ni créer ni opérer de métamorphose. Par contre, ils agissent sur l'apparence des choses par le biais des perceptions, notamment sur le *phantasticum hominis*, le « double fantastique de l'homme ». Celui-ci ne correspond pas à l'âme, mais à « la représentation que le rêveur a de lui-même dans son rêve »[118]. Il n'y a donc pas, pour l'évêque d'Hippone, changement de nature, mais possession et illusion. La personne concernée croit vivre une aventure sous une autre forme alors qu'elle ne fait que la rêver. Laurence Harf-Lancner[119] explique ainsi ce processus : « C'est aussi le produit d'un véritable phénomène de dédoublement, une sorte de fantôme qui, sans avoir de réalité corporelle, existe indépendamment du rêveur plongé dans un engourdissement profond et lui échappe pour tomber sous la coupe du démon. »

117. Cf. Laurence Harf-Lancner, « La métamorphose illusoire : des théories chrétiennes de la métamorphose aux images médiévales du loup-garou », *Annales. Économies, Sociétés, Civilisations*, 40e année, no 1, janvier-février 1985.

118. *Ibid.*

119. *Ibid.*

La position de saint Augustin est réaffirmée par les ecclésiastiques tout au long du Moyen Âge pour infirmer une croyance populaire tenace. Ainsi, au XIIIe siècle, Guillaume d'Auvergne, dans *De Universo* (II, 3, 13), relate une histoire qui illustre parfaitement la conception augustinienne. Il raconte qu'un homme était possédé et le démon lui faisait s'imaginer qu'il était un loup. Il « le jetait dans un lieu écarté et l'y abandonnait, comme mort ». En même temps, il s'introduisait dans un loup qu'il entraînait à commettre de nombreux forfaits et crimes. L'homme était ainsi convaincu d'être le coupable, et la population locale aussi. Un « saint homme » ayant eu vent de cette histoire, montra à tous l'homme endormi, le réveilla, « le libéra de sa possession » et fit voir aussi le loup en question.

On trouve également d'autres explications à ce phénomène, notamment dans les traditions du nord et de l'ouest de l'Europe[120]. Des textes évoquent un dédoublement volontaire. Des personnes et des familles auraient eu ce don. C'est à la suite de ce dédoublement – il n'y a donc pas transformation de la chair – que le changement en loup-garou s'opère. Il ne s'agit pas ici d'un rêve, ni d'une pratique diabolique, mais de l'accession à une autre dimension, à ce que l'on nomme parfois un état modifié de conscience. Il est souvent présenté comme un déplacement de la conscience hors du corps[121]. Notons que ce phénomène est très présent dans le chamanisme, mais aussi dans de nombreuses autres traditions. Ainsi, un passage du Nouveau Testament, plus précisément de la *Deuxième lettre aux Corinthiens* (XII, 2-3), comporte une mention explicite à cet égard, l'apôtre Paul y relate : « Je connais un homme en Christ, qui fut [...] ravi jusqu'au troisième ciel, si ce fut dans son corps je ne sais, si ce fut hors de son corps je ne sais. » Dans la tradition scandinave, le dieu principal, Odin,

120. Cf. Claude Lecouteux, *Fées, sorcières et loups-garous au Moyen Âge*, Imago, 2012.

121. On parle généralement à ce propos de « sortie hors du corps », en anglais d'OBE (*Out of Body Experience*), ou encore de « dédoublement » et de « décorporation ».

pratique couramment ce dédoublement. L'*Ynglinga Saga*, au chapitre VII, rapporte à ce propos : « Odin changeait de forme. Alors, son corps gisait comme endormi, ou mort, mais lui, était oiseau ou animal, poisson ou serpent, et il allait en un instant dans des pays lointains vaquer à ses affaires ou à celles d'autrui. » Cela n'est pas sans rappeler quelques-unes des métamorphoses de Zeus, notamment pour séduire et engendrer, que les Grecs de l'époque classique avaient bien du mal à expliquer. Dans la tradition scandinave, il n'y a pas que certains hommes qui possèdent le pouvoir de se dédoubler, mais aussi des femmes qui deviennent louves et sont appelées *vargynjur*[122], alors que les femmes louves sont peu nombreuses dans les légendes et les mythes. La tradition grecque, au moins la mythologie, en compte quelques-unes, comme Léto, la déesse mère d'Artémis et d'Apollon ; deux céramiques, l'une conservée à Munich, au Staatliche Antikensammlungen, l'autre au Winchester College Treasury, montrent chacune une ménade, une accompagnatrice de Dionysos, portant une peau de loup avec la tête de l'animal en plus pour la première.

Un texte irlandais en latin du XIIIe siècle apporte des précisions sur cette faculté de dédoublement[123] :

> Il existe certains hommes de race celtique qui ont un pouvoir merveilleux qu'ils tiennent de leurs ancêtres [...], ils peuvent, à volonté, prendre la forme d'un loup [...] Quand ils sont d'humeur à se transformer, ils quittent leur corps humain, ordonnant à leurs amis de ne pas le changer de position ou de le toucher [...], car, si cela arrivait, ils ne pourraient reprendre leur apparence humaine.

122. Cf. Régis Boyer, *Le Monde du double. La magie chez les anciens Scandinaves*, *op. cit.*

123. Le texte s'intitule *De hominibus qui se vertunt in lupos*. Il est cité par Claude Lecouteux dans *Fées, sorcières et loups-garous au Moyen Âge*, *op. cit.*

Ce témoignage montre une survivance d'une pratique certainement préchrétienne. Mais celle-ci est rejetée dans des marges condamnées, le texte dit qu'une « force diabolique » la met en œuvre.

L'utilisation de drogues, potions et onguents, en plus du port d'une peau de loup, semble avoir joué, au Moyen Âge également, un rôle important dans tout ce qui se rapporte à la lycanthropie. Déjà, dans l'Antiquité, Philostrate signalait ce phénomène qui se retrouve à l'époque médiévale et dont l'origine se perd dans la nuit des temps[124] :

> Il y a aussi des drogues composées par les hommes pour provoquer le sommeil : si l'on en boit ou si l'on s'en frotte, on s'endort étendu de tout son long, comme mort ; de ce sommeil, l'on sort avec une perte de mémoire, et l'on croit être n'importe où, sauf où l'on est réellement.

Des textes médiévaux rapportent des faits similaires[125]. Ainsi, le dominicain allemand Johannes Nider, au XVe siècle, relate comment une personne interrogée s'enduisit d'un onguent et tomba alors dans un profond sommeil. À son réveil, elle affirma avoir voyagé avec le « cortège de Diane ». Au début du XXe siècle encore, Paul Sébillot[126] rapporte un récit de Haute-Bretagne associant la lycanthropie et une substance inconnue. Un boisier (une personne qui travaille le bois, parfois assimilé au scieur de long) ayant trouvé en forêt deux bouteilles répandit un peu de son contenu sur une de ses mains. Celle-ci devint une patte de loup. Il versa alors le liquide de l'autre bouteille. Sa main retrouva son aspect habituel.

---

124. « Vie d'Apollonius de Tyane », traduction de Pierre Grimal, dans *Romans grecs et latins*, Gallimard, 1958.

125. Cf. Norman Cohn, *Démonolâtrie et sorcellerie au Moyen Âge*, Payot, 1982.

126. *Le Folk-lore de France*, Librairie orientale et américaine E. Guilmoto, 4 tomes, 1904-1907. Également dans *Mythologie et folklore de Bretagne*, Terre de brume, 1995 (1re édition : Payot, 1950, sous le titre *Le Folklore de la Bretagne*).

Selon Jacques Voisenet, la réhabilitation de l'œuvre d'Ovide, à partir du xe siècle, a contribué au succès de la croyance en l'existence du loup-garou[127].

Illustration 20 : le roi Lykaon changé en loup par Zeus. Gravure de Virgil Solis pour *Les Métamorphoses* d'Ovide.

Il remarque que « les métamorphoses humaines, très rares au Haut Moyen Âge, se multiplient à partir du XIe siècle, en particulier avec la diffusion dans toute la littérature du loup-garou ». Sur ce thème sensible, il apparaît que le discours des élites qui, fidèles aux explications de saint Augustin, ne croient pas dans la métamorphose et y voient une illusion, n'a pas ou peu de prise sur la croyance populaire qui a tendance à accepter la transformation.

Mais la situation évolue nettement à partir du XVe siècle. Jusqu'alors, le loup-garou était plutôt la victime d'un maléfice et

127. *Bestiaire chrétien. L'imagerie animale des auteurs du Haut Moyen Âge (V^e-XIe s.), op. cit.*

il n'y avait pas d'antipathie systématique comme en témoigne *Le Lai de Bisclavret* de Marie de France au XIIe siècle. Au XVe siècle, commence en Europe ce que l'on a appelé la « chasse aux sorcières ». La sorcellerie et la lycanthropie sont désormais considérées comme démoniaques, comme étant toutes les deux le résultat d'un pacte avec le diable. Les sorciers, sorcières et loups-garous deviennent ainsi les serviteurs du Malin.

Illustration 21 : sorcier chevauchant un loup.

Une répression féroce et massive commence. La majorité des victimes sont des femmes, même si cela est variable selon les régions. Le summum de ce mouvement est atteint durant la période 1580-1640 avec 110 000 procès en sorcellerie dans toute l'Europe, de l'Écosse à la Pologne, des Pyrénées à la Scandinavie, avec plus de 60 000 exécutions, dont 75 % concernent des femmes[128].

Au XVIe siècle donc, la croyance dans la métamorphose de l'être humain en loup connaît alors un pic, tout comme les procès pour lycanthropie. Il est pertinent de mettre en relation cette recrudescence avec la grande mutation culturelle et sociale que connaît la société en ce temps ainsi que l'a montré Norbert Elias, dans *La Civilisation des mœurs*, et d'autres auteurs comme Eugenio Garin et Robert Muchembled. De nombreux manuels de « civilité », c'est-à-dire de savoir-vivre, sont écrits, comme *La Civilité puérile* d'Érasme en 1530. On s'applique à dresser les corps et les esprits à avoir de bonnes manières dans les moindres détails du quotidien. Dans le même temps, l'État accroît considérablement le contrôle social. La chasse aux sorcières en Europe occidentale, entre 1560 et 1630 principalement, est la traduction de la volonté des élites urbaines d'unifier le monde rural et d'éliminer ses « superstitions » et pratiques jugées contraires au christianisme. Rappelons que c'est également le temps de la Réforme catholique, après celui de la Réforme qui a donné naissance au protestantisme et que ces deux mouvements ont amené un essor de l'instruction publique. Les procès en sorcellerie et les exécutions touchent aussi bien les régions à majorité catholique que protestante. C'est aussi une période où les États développent l'encadrement des populations et où le nombre de ceux qui travaillent pour celui-ci augmente considérablement. Il n'est pas sans intérêt de noter aussi qu'au XVIIe siècle également, Descartes affirme que l'animal est une machine, sans âme, sans raison, sans pensée ni sentiment, qui ne fait que réagir de manière automatique à des stimuli. Si sa thèse est l'objet de controverses, elle n'en influence pas moins largement la pensée occidentale. Ainsi, il est révélateur que l'un des pères du rationalisme soit aussi celui qui sépare radicalement l'être humain de l'animal. De manière très révélatrice, les procès d'animaux, qui

128. Chiffres donnés dans le dossier « La chasse aux sorcières » de la revue *L'Histoire*, no 456, février 2019.

nous paraissent si extravagants aujourd'hui, disparaissent. Ils témoignaient encore d'une autre relation à l'animal dans laquelle une personnalité était conférée à celui-ci. Certes, le processus dans lequel Descartes prend place peut être décelé plus en amont comme avec l'anthropocentrisme exclusif qui s'épanouit avec l'humanisme et la Renaissance. Il n'en reste pas moins qu'un tournant majeur est pris et que la société change peu à peu en profondeur.

On accuse parfois le christianisme et la tradition biblique de cette évolution. Le passage biblique principalement incriminé est *Genèse* I, 28, dans lequel Dieu s'adresse à l'être humain et lui dit (traduction œcuménique de la Bible) : « Soyez féconds et prolifiques, remplissez la terre et dominez-la. Soumettez les poissons de la mer, les oiseaux du ciel et toute bête qui remue sur la terre ! » Il faut noter que juste après (I, 29), Dieu fixe un régime végétarien à l'être humain[129]. Concernant cette question, deux observations doivent être posées. D'une part, de nombreux auteurs ont souligné que le début de la *Genèse* évoque une création spirituelle de l'être humain qui est revêtu d'une « tunique de peau » lorsqu'il est chassé du paradis (*Genèse* III, 21). L'être humain, couronnement de la Création dont il n'est pas propriétaire, reçoit une autorité sur celle-ci pour la cultiver et la garder, en premier lieu à des fins spirituelles (*Genèse* II, 15)[130]. Quant à la domination évoquée, selon la tradition patristique (Origène, Basile de Césarée, Ambroise de Milan) elle concerne au premier chef ses propres animaux intérieurs, en quelque sorte, afin qu'ils concourent à son accomplissement et pas au contraire. En somme, nous sommes invités à une lecture spirituelle, et non littérale, de ce texte. Pendant très longtemps, elle a eu cours. D'autre part, d'un point de vue historique, on ne peut que remarquer que la pensée cartésienne sur les animaux ne s'est développée que 1 300 années

129. Dans la Bible, la nourriture carnée est donnée par Dieu à l'être humain après le Déluge (*Genèse* IX, 3-4).

130. Sur tout cela, voir l'ouvrage de Jean-Claude Larchet, *Les Fondements spirituels de la crise écologique*, Éditions des Syrtes, 2018.

après la christianisation de l'Europe occidentale. Durant tout ce temps, cette question a été vue autrement par les chrétiens.

Durant la période tumultueuse de la « chasse aux sorcières », de très nombreux « lycanthropes » sont jugés par les tribunaux en Europe, environ 30 000. Les démonologues se penchent sur la question. Certains comme Jean Bodin estiment la métamorphose possible, d'autres comme Henri Boguet hésitent, mais la plupart rejettent cette idée. Parmi ces derniers, citons les plus célèbres : Jacob Sprenger, dont le *Malleus maleficarum* (« Marteau des sorcières ») écrit à la fin du XVe siècle fait autorité, Martin Antoine del Rio et Pierre de Lancre au début du XVIIe siècle. D'autres encore, comme Jean Wier, médecin du duc de Clèves, au XVIe siècle, opposé à la chasse aux sorcières, voient[131] dans la lycanthropie un phénomène qui relève de l'imagination, de l'illusion et de la maladie. Des ouvrages consacrés à cette question sont imprimés. Ainsi, en 1599, est publié à Paris, par Jean Beauvois de Chauvincourt, avocat à Angers, un *Discours de la lycanthropie ou De la transmutation des hommes en loups* qui s'élève contre la croyance en l'existence de loups-garous. Quelques années plus tard, en 1615, paraît à Paris un ouvrage de Jean de Nynauld, un médecin, intitulé *De la lycanthropie, transformation et extase des sorciers*. Les explications qui viennent en complément du titre sont révélatrices : « Où les astuces du diable sont mises tellement en évidence qu'il est presque impossible, voire au plus ignorant, de se laisser dorénavant séduire. » Et il poursuit en désignant l'objectif de son propos : « Avec la réfutation des arguments contraires que Bodin allègue au chapitre VI du second livre de sa *Démonomanie*. » En effet, Jean Bodin, dans son ouvrage dénommé *De la démonomanie des sorciers* (1580, livre II, 6), n'a pas craint d'affirmer un sentiment partagé par d'autres juristes, tout en étant controversé dans ce même corps, à savoir la possibilité d'une

131. Dans son principal ouvrage *De praestigiis daemonum* (« Des illusions des démons »), édité à Bâle en 1563. La première édition française, avec une traduction faite par un autre médecin, Jacques Grévin, aussi poète et dramaturge, date de 1567.

métamorphose physique : « Mais la chose la plus difficile à croire, et qui est plus admirable, est le changement de la figure humaine en bête, et encore plus de corps en corps. »

Illustration 22 : *le loup-garou* de Lucas Cranach l'Ancien, 1512, Herzogliches Museum Gotha.

Néanmoins, les parlementaires, sauf lors de quelques campagnes d'une rare sévérité, comme celle menée par Pierre de Lancre dans le Labourd, au Pays basque, en 1609, sont de plus en plus enclins à ne voir dans les lycanthropes que des dérèglements mentaux ainsi que des misères sociales et intellectuelles[132].

Je ne prendrai que deux exemples de procès en lycanthropie. Le premier s'est déroulé au parlement de Paris en 1598. Un miséreux angevin, Jacques Roulet, s'est lui-même accusé de lycanthropie ainsi que d'avoir mangé un enfant, lequel aurait été en fait en partie dévoré par des loups. Le juriste Pierre de l'Estoile note dans son *Journal* en novembre de cette année sa rencontre avec l'accusé. Son témoignage et sa description sont éloquents[133] :

> Ce loup-garou (qu'on appelait) fut mis aux cachots noirs de la conciergerie, après avoir été rasé, lequel je fus voir. Il portait les cheveux pendants jusques aux talons, la barbe de même, et les ongles aussi grands et longs que les mains. M. Lecoigneux, conseiller en la Cour, était son rapporteur qui m'a dit que, par ses interrogatoires, il en confessait plus qu'on le lui en demandait.

Le parlement le condamna finalement à être interné deux ans dans un hôpital « afin d'estre instruit et redressé en son esprit, et d'être ramené à la connaissance de Dieu que l'extrême pauvreté lui avait fait méconnaître ».

L'autre cas, présenté en appel au parlement de Bordeaux en 1603, est similaire par bien des aspects. L'acte d'accusation reproche à un certain Jean Grenier, âgé de 14 ans, de courir dans les champs et les forêts avec « une peau de loup dont il se vestait » et d'avoir mangé des enfants et des bergères. À l'occasion, il se

---

132. Sur cette question et son évolution : Robert Mandrou, *Magistrats et sorciers en France au XVIIe siècle*, Plon, 1968.

133. *Ibid.*

livrait à des violences sexuelles à l'encontre des filles rencontrées. Il fut condamné en première instance au bûcher. Après un examen minutieux par le parlement, sa peine fut commuée en réclusion perpétuelle chez des moines à Bordeaux. Face à ce qui s'avère être un condensé de misères de toutes sortes, le parlement de Bordeaux déclare pour justifier son jugement[134] :

> Eu égard à l'âge et à l'imbécillité de cet enfant qui est si stupide et idiot que les enfants de sept à huit ans témoignent ordinairement plus de jugement, mal nourri en toutes sortes et si petit que sa stature n'arrivant à son âge, on ne le jugerait de dix ans [...] jeune garçon abandonné et chassé par son père [...] sa mère décédée, vagant par les champs sans guide et sans personne du monde qui en aye le soin, mendiant son pain.

Le cas du lycanthrope le plus célèbre du XVIe siècle, Gilles Garnier, condamné à mort par le parlement de Dole, en Franche-Comté, en 1573, illustre bien comment un mélange de pénurie alimentaire, d'obsessions et de déviances sexuelles, de sadisme, d'ignorance et de crédulité, fabrique un malade mental criminel. Nous sommes là bien loin des hommes-loups de l'Antiquité ou des *ulfhednar* scandinaves, au terme d'une involution de pratiques qui ne sont plus comprises.

Une légende révélatrice de cette époque nous relate un cas de transformation. Elle est d'autant plus intéressante qu'il s'agit d'une femme, une louve-garou en somme, bien que les récits parlent d'un loup, cas bien plus rare que les loups-garous, autrement dit les hommes devenus loups. Elle se déroule en France et rapporte l'histoire de la louve d'Apchon, en réalité d'Arline, épouse de Nicolas de Barioux, seigneur d'Apchon en Haute-Auvergne, aujourd'hui dans le département du Cantal. La légende raconte

134. *Ibid.*

qu'en ce lieu, en 1588, un chasseur fut attaqué par un énorme loup. Il parvint à le vaincre en lui coupant une patte qu'il mit dans sa gibecière. Il voulut montrer ensuite celle-ci au seigneur du lieu. Mais au lieu d'une patte, il sortit une main fine avec à l'un de ses doigts une bague d'or que le seigneur reconnut comme appartenant à sa femme. De retour au château, il alla voir son épouse et découvrit qu'une de ses mains avait été sectionnée. Elle lui avoua qu'elle était ensorcelée et qu'elle se transformait régulièrement en loup. Son époux la livra à la justice qui la fit brûler promptement.

Des maladies rares ou des dérèglements ont pu aussi renforcer la certitude de certains en l'existence d'une transformation en loup-garou. Ainsi, nous connaissons des exemples anciens de personnes souffrant d'hypertrichose, un dérèglement hormonal inhabituel qui se traduit par une pilosité abondante qui dans sa forme sévère peut recouvrir une partie ou la totalité du corps. C'est le cas, bien renseigné, de Pedro Gonzales (ou Petrus Gonsalvus) (vers 1537-vers 1618). Son portrait se trouve en Autriche, au château d'Ambras près d'Innsbruck, c'est d'ailleurs pourquoi cette forme extrême d'hypertrichose est appelée syndrome d'Ambras. Pedro Gonzales a transmis l'hypertrichose à ses enfants, dont nous avons aussi des portraits, et à un petit-fils. Il fut en partie élevé à la cour du roi de France Henri II. Il y reçut une excellente éducation qui fit de lui un lettré. À la cour, il était le « sauvage du roi ». Cette dernière expression est à relever, car elle fait le lien avec un thème légendaire répandu, celui de l'« homme sauvage », vivant dans la forêt, lui aussi souvent doté d'une forte pilosité. L'hypertrichose était-elle plus fréquente dans les temps anciens ? Les personnes ainsi pourvues devaient vivre à l'écart ou, comme Pedro Gonzales, devaient bénéficier d'une haute protection. Sans cela, le risque était grand d'être pris pour un loup-garou ! Selon certains auteurs, son mariage avec une Française qui n'était pas affectée par l'hypertrichose, Catherine Raffelin, aurait inspiré l'histoire de *La Belle et la Bête*.

Une maladie congénitale très rare est également parfois évoquée en lien avec la lycanthropie et le vampirisme, il s'agit de la porphyrie. Celle-ci, qui présente différentes formes et symptômes, peut avoir de graves conséquences sur le corps. Parmi celles qui sont associées à notre sujet, il y a l'hypersensibilité à la lumière, la coloration des dents et des ongles qui tend au rouge, une nécrose des gencives qui fait mieux apparaître les dents.

Au XVIIᵉ siècle, la croyance dans les loups-garous est peu à peu définitivement abandonnée. Le temps de la « chasse aux sorcières » passe au milieu du siècle, pas sans résurgences comme dans l'affaire des « sorcières de Salem », en 1692 dans le Massachusetts. Les prétendus loups-garous relèvent désormais de graves et dangereuses maladies mentales et/ou de la criminalité. Toutefois, au XVIIIᵉ siècle, la « bête » qui ravage le Gévaudan, de 1764 à 1767, ramène d'anciennes peurs. Officiellement, on ne croit plus au loup-garou, quoique… Des moyens considérables sont déployés pour trouver l'animal coupable. De nombreux loups sont tués. Finalement, les meurtres cessent lorsqu'un loup de grande taille est abattu avec des… balles bénites ! Il est curieux de constater que cette « bête », dénomination que l'on donne souvent à des loups responsables de la mort de plusieurs humains[135], délaisse les troupeaux de moutons et d'autres animaux domestiques pour s'attaquer aux jeunes femmes et filles ainsi qu'aux garçons, notamment aux bergères, pâtres, vachers et vachères, tous à l'écart des villages pour garder les troupeaux. En tout, une centaine de victimes lui sont attribuées, dont 80 femmes, surtout des jeunes filles, le reste étant de jeunes garçons et un seul homme adulte ! Existe-t-il une ou plusieurs explications ? S'agissait-il d'un loup ou de plusieurs, ou d'un gros mâtin, un chien particulièrement puissant et agressif, ou encore d'un ou de plusieurs malades mentaux criminels ? Les hypothèses sont nombreuses jusqu'à aujourd'hui.

---

135. Cf. les explications de Jean-Marc Moriceau dans *L'Homme contre le loup. Une guerre de deux mille ans*, chapitres III et IV, Fayard, 2013.

Jusqu'au début du XXe siècle, la croyance en l'existence de loups-garous demeure vivace dans les campagnes. Les histoires abondent, on en trouve par exemple dans les ouvrages de Paul Sébillot et de Claude Seignolle, qui ont recueilli le folklore de plusieurs régions françaises au XIXe et au XXe siècle. Le loup a hérité, avec tous ces récits qui regardent principalement l'être humain, d'une marque infamante qui a aidé à son élimination de nombreuses régions du monde avant qu'il ne soit revalorisé par certains auteurs, puis redécouvert et apprécié pour ce qu'il est au XXe siècle.

IV. Du rejet et de la diabolisation à la réhabilitation

Au fil de l'histoire, le loup a été placé dans les marges inquiétantes de la société, puis diabolisé. Ce processus a parcouru différentes étapes qui révèlent autant d'évolutions des sociétés humaines. Plusieurs facteurs l'expliquent. Nous pouvons en distinguer cinq majeurs : la sédentarisation, l'émergence de la cité grecque et de la conception philosophique qui l'accompagne, la tradition biblique et la christianisation, l'anthropisation de l'espace en Europe à partir du XIe siècle qui s'accroît fortement et toujours plus, le recul massif des forêts, enfin le contrôle social et politique, dont celui des élites urbaines, qui va de pair avec l'émergence de l'État moderne et l'évolution de la pensée.

Nomades et sédentaires

Les différents peuples qui se réclamaient d'un loup ancêtre ou qui s'identifiaient aux loups, donc pour qui cet animal représente des valeurs positives, voire est érigé en modèle, ont un point commun : ce sont des nomades, ou des semi-nomades, ou encore des peuples sédentarisés depuis peu.

En effet, le loup est par excellence pour les sédentaires un ravisseur, c'est le sens de son nom dans plusieurs langues, un chasseur qui vole dans les troupeaux et enfreint les propriétés avec leurs enclos et leurs droits. Contre celui-ci les agriculteurs, mais surtout les bergers, invoquaient des divinités pour leur protection et celles de leurs biens. Ainsi, dans l'Italie antique, on implorait Faunus et en Grèce Apollon pour protéger les troupeaux des loups.

La qualité de chasseur remarquable fut associée au loup depuis des temps immémoriaux qui remontent à la préhistoire. Elle se retrouve exprimée en Amérique du Nord dans les légendes des Inuits, des populations de nomades chasseurs et pêcheurs, ce qui est un signe de leur très grande ancienneté et sans doute un legs commun aux populations de l'Asie, notamment de Sibérie, et de l'Amérique. Chez les Inuits, le loup est Amarok, à la fois l'esprit du loup et l'animal. Cet esprit est considéré comme un chasseur redoutable qui peut s'attaquer à ceux qui chassent seuls la nuit. Mais, son influence est aussi bénéfique, car selon une légende, à la demande de Kaïla, le dieu du ciel, les fils d'Amarok, à savoir les loups, mangent les caribous malades et maigres. Ceux-ci, par leur nombre croissant, menaçaient l'espèce, ce qui par contrecoup, était inquiétant pour l'avenir des humains qui eux aussi mangeaient sa chair et utilisaient sa peau pour confectionner des tentes et des vêtements. Les loups permirent d'établir un bon équilibre, ce qui fut aussi salutaire pour les humains. C'est pourquoi, cette légende affirme que « si le caribou nourrit le loup, le loup conserve le caribou en bonne santé ».

Il est révélateur que les Turcs et les Mongols furent les derniers grands peuples nomades et conquérants de l'Eurasie qui mirent cet animal comme emblème sur leurs étendards, à une époque où il était oublié en tant que tel en Europe où cela avait été le cas, dans l'Antiquité, pour les Romains et les Daces.

Dans l'Italie antique, il est intéressant d'observer que ce sont des peuples issus du *ver sacrum* sabin, ce « printemps sacré », donc de migrations, qui ont diffusé des cultes liés au loup. Ces déplacements sont finalement similaires à ceux du loup qui « disperse », c'est-à-dire qui quitte son groupe d'origine pour fonder une nouvelle meute sur un nouveau territoire. Jérôme Carcopino avait remarqué sur ces migrations, dans *La Louve du Capitole*[136] :

> Ainsi, périodiquement, la race sabine essaimait, comme un rucher d'abeilles [...] Or, au premier rang des dieux qui protégeaient les invasions, était Mamers, le Mars des Latins, qui devait engendrer Rémus et Romulus [...] Les hordes avançaient sous le signe du dieu des batailles,

136. *Op. cit.*

> derrière l'attribut qui, matériellement, le manifestait à leurs yeux [...] surtout le loup, qui les a conduits à Bénévent et jusqu'en Lucanie.

Ici également, le loup est un guide.

Pour la Grèce antique, les peuples qui se trouvaient plus volontiers associés à cet animal provenaient des migrations doriennes, comme à Argos, ou vivaient dans des régions reculées, à l'écart des courants d'échanges comme les Arcadiens. Ces derniers conservaient ainsi des cultes archaïques. À l'époque des premiers écrits en Europe, ils sont perçus comme étant anachroniques pour ceux qui les évoquent. Sans doute s'agit-il de reliquats de cultes très anciens associés à la fonction guerrière. Les légendes et les mythes où les loups interviennent, d'une manière ou d'une autre, se situent toujours dans des époques lointaines, souvent dans un commencement (Apollon, les jumeaux romains), bien avant la « civilisation » et l'urbanisation. Toutefois, on peut aussi parler, dans certains cas, de stade « proto-urbain ». En effet, selon des légendes, il y a une relation entre les toutes premières villes et le loup. Pausanias rapporte (*Description de la Grèce* VIII, 38, 1) que la ville de Lykosure (Lykosoura), près du mont Lykaion, fondée par Lykaon – que des noms qui proviennent du mot « loup » en grec – est la plus ancienne du monde. De plus, « c'est d'elle que les autres hommes ont appris l'art de bâtir des villes », assure-t-il également. Le même auteur relate aussi (X, 6, 2) que des Grecs proches du mont Parnasse avaient trouvé refuge sur cette montagne grâce à des loups lors du déluge dit « de Deucalion » dont Virgile, dans *Les Géorgiques* (I, 61-63), indique qu'il s'agit des « premiers temps du monde ». Pausanias donne des précisions supplémentaires sur le déroulement de ce sauvetage : « Ceux des habitants qui échappèrent à cette inondation, conduits par les hurlements des loups, prirent ces animaux pour guides et se réfugièrent sur les sommets du Parnasse. » En mémoire de cette aide providentielle, nous dit-il aussi, ils érigèrent une ville nommée Lykôreia (aussi Lycoria). Là également, le loup accompagne le passage d'un type de société à un autre, ou la traversée de la fin d'un cycle – que clôt le déluge en question – au début du suivant.

Durant très longtemps, dans le prolongement de la préhistoire, les peuples de chasseurs-cueilleurs vécurent à la manière des loups. On peut penser que cet animal exerçait sur eux une grande fascination et il se retrouva ainsi à la source de légendes et de pratiques religieuses. Lorsqu'ils s'établirent peu à peu définitivement, ces peuples n'abandonnèrent pas du jour au lendemain les us et coutumes séculaires. Les cultes et les figures mythologiques liés au loup subsistèrent longtemps. Mais, ils devinrent vraisemblablement anachroniques et inadaptés pour les peuples sédentarisés et pratiquant la domestication. Ceux qui choisirent le camp du loup, l'alliance avec celui-ci, d'une manière ou d'une autre, furent de plus considérés comme des marginaux ou des rebelles. Parfois aussi, ils revendiquèrent cet éloignement, voire ce rejet, et brandirent cette figure animale, ou d'autres, comme un étendard. Dans *Le Loup des steppes*[137], Hermann Hesse en a donné un portrait littéraire : « Comment ne serais-je pas un loup des steppes et un ermite hérissé au milieu d'un monde dont je ne partage aucune des ambitions, dont je n'apprécie aucun des plaisirs ! » Son personnage principal, Harry Haller, est partagé entre deux aspirations qui sont comme deux mondes : la société dans laquelle il vit, qu'il recherche et rejette tout à la fois, et le désir pressant d'une existence plus intense et plus authentique. Au XIXe siècle, dans les campagnes françaises, le « meneur, ou meneu, de loups », aussi appelé « serreux de loups » ou « charmeur de loups » ou encore « loutier », en est une illustration. Personnage légendaire du folklore de plusieurs régions, il vit dans la forêt avec les animaux

137. Roman publié en 1927, Calmann-Lévy, 1947, pour l'édition française.

en question, à l'écart de toute société humaine. Il est redouté. Selon certains textes, il a fait un pacte avec les loups, et avec le diable disent d'autres ; pour d'autres encore, il possède tout simplement un don qui lui permet la fréquentation et l'intimité d'une meute. Il est leur maître, mais doit partager leur condition. Il est aussi fort possible que des humains ayant trouvé et élevé des louveteaux, et qui ont conservé, grâce à l'imprégnation (ou empreinte), une relation particulière avec ceux-ci par la suite, soient à la source de cette figure. Le meneur de loups apparaît quelque peu, en ce temps du triomphe de l'industrialisation et de l'urbanisation croissante, comme le reliquat d'un temps lointain où hommes et animaux libres pouvaient se comprendre, s'entraider et se respectaient mutuellement.

Aussi, on peut avancer l'idée que l'association du loup avec le nomadisme, ou semi-nomadisme, tout comme celle avec les sociétés de chasseurs-cueilleurs du paléolithique et du néolithique, a entraîné son rejet par les sociétés sédentaires qui n'ont pas la même perception et la même utilisation de l'espace. Cela d'autant plus que ces dernières sociétés ont apporté un fort accroissement de la population, donc une présence humaine bien plus importante, avec la pression qui l'accompagne sur les milieux naturels, et la domestication d'animaux qui étaient aussi des proies pour les grands prédateurs, notamment les loups. Ce type de société, sédentaire, populeuse, hiérarchisée, structurée, conquérante, est même devenu avec le temps la « civilisation » par excellence. C'est pourquoi, notre animal symbolise aussi tout ce qui est en dehors de celle-ci, ou considéré comme tel. À cet égard, l'expression d'Alfred de Vigny, dans son poème *La Mort du loup* (1843), disant qu'il n'entre pas « dans le pacte des villes/Que l'homme a fait avec les animaux serviles », est des plus pertinentes. Par rapport à ces sociétés, il est donc le ravisseur. C'est le sens étymologie du mot loup en sanscrit, *virka*, et en vieux-perse, *varka*. C'est le qualificatif qui l'accompagne dans des passages des *Évangiles*, par exemple dans *Matthieu* (VII, 15), tandis qu'il est destructeur chez le prophète Jérémie (V, 6). Dans l'Occident médiéval et moderne (jusqu'au XVIIIe siècle), il est souvent qualifié de *lupus rapax*, « loup rapace, loup ravisseur », une expression venant directement de la Vulgate, version latine en usage de la Bible, « *Benjamin lupus rapax* » (*Genèse* IL, 27). On le nomme également – les deux formulations sont équivalentes et ont le sens de « loup voleur » –, *lupus raptor*, « loup ravisseur » (avec l'idée d'enlever de force), une qualification que l'on trouve déjà dans la littérature latine antique, par exemple dans l'*Énéide,* de Virgile (II, 355-356), qui a fini par donner en français le « loup ravissant » !

Cela explique cette évolution de la perception du loup et de ses représentations. Animal auparavant vénéré et incarnant des vertus essentielles pour tout peuple plus ou moins nomade, il chuta au rang d'animal maudit. Aussi, il est chassé et en vient à représenter celui qui a été rejeté et est devenu apatride, privé de toute attache. Ainsi, une formule d'exil des Francs ripuaires proclame à l'encontre de celui est banni : « Qu'il soit considéré comme loup, qu'il soit loup. » Déjà, chez les Hittites, donc au IIe millénaire av. J.-C., au Proche-Orient, le banni était assimilé à un loup. Au XIe siècle, en Angleterre, des lois d'Édouard le Confesseur obligeaient le proscrit à porter un masque à tête de loup. Plus généralement, cette assimilation du banni au loup est une constante dans les traditions indo-européennes[138].

---

138. Cette question est étudiée par Mary R. Gerstein, « Germanic Warg : the outlaw as werwolf », dans *Myths in Indo-European Antiquity*, ouvrage collectif, University of California Press, 1974. Mary Roche Gerstein fournit dans son étude de nombreux exemples ainsi que des textes des Hittites aux sociétés médiévales d'Europe de l'Ouest et du Nord.

Le rebelle aux lois de la cité

Après la sédentarisation, la deuxième cause du changement en question provient de la Grèce antique. En effet, on peut observer une importante transformation dans cette aire géographique et culturelle où a eu lieu une évolution capitale dans l'histoire de l'Europe et du monde. Au cours de celle-ci, la perception du loup évolue d'Homère à Platon[139].

Pour l'auteur de l'*Iliade*, notre animal incarne la force guerrière et sauvage, la lutte et le courage. Il est associé aux scènes de batailles. Plusieurs passages l'évoquent, par exemple : « Comme des loups [Troyens et Achéens] s'élancèrent les uns sur les autres » (IV, 471-472), ou encore « [Troyens et Achéens] se ruaient comme des loups » (XI, 72-73). Il est à noter que les mêmes termes sont utilisés pour le loup et pour le lion. Pour Homère, leur image est similaire. Par contre, pour le même auteur, l'image du chien n'est pas toujours positive. Celui-ci apparaît surtout comme un charognard. Cependant, dans l'*Odyssée*, Homère met aussi en valeur la grande fidélité et l'affection du chien d'Ulysse, Argos (chant XVII)[140], ainsi que ses qualités, dans le passé, de chasseur. Celui-ci, bien que gisant sur du fumier et délaissé, reconnaît son maître après vingt ans d'absence, à la différence des humains, montre sa joie, puis meurt. L'autre grand rôle du chien, dans les écrits d'Homère et ceux des auteurs des siècles suivants, est celui de gardien, lequel s'avère à l'occasion féroce.

Mais la perception du loup, ainsi que celle du chien évolue au fil des siècles. Le VIe siècle av. J.-C. constitue un tournant, comme dans d'autres domaines. Le dirigeant athénien Solon promulgue

139. Cf. Carla Mainoldi, *L'Image du loup et du chien dans la Grèce ancienne d'Homère à Platon*, *op. cit.*

140. Curieusement, il porte le même nom que la principale ville de l'Argolide dont le loup est l'animal emblématique !

une loi pour récompenser chaque loup tué (Plutarque, *Vie de Solon*, XXIII, 3). Pourtant, le même législateur ne craint pas de se comparer à un loup lorsqu'il souhaite indiquer le moment de sa vie politique où il s'est retrouvé seul.

Autour de ce VIe siècle, d'importantes mutations ont lieu dans la société grecque. Ces transformations ont jeté les bases du monde dans lequel nous vivons encore aujourd'hui. Le changement de l'attitude vis-à-vis du loup, qui l'accompagne, apparaît donc, également, comme un symptôme particulièrement révélateur. Cette période connaît un début de rationalisation de la pensée. Dès le VIIe siècle av. J.-C., l'écriture commence à concurrencer l'oral. C'est pendant ce siècle que datent les premières codifications par écrit des lois à Athènes, un phénomène qui est bien antérieur au Proche-Orient. La cité, la *polis*, s'affirme toujours plus par son organisation et ses règles. La réforme de Clisthène à Athènes, à la fin du VIe siècle av. J.-C., a pour principal objectif de briser les clans et les tribus, comparables à la meute, pour imposer une division spatiale ne tenant pas compte de ces entités. On pourrait dire, en risquant une formule, que ce n'est plus la population qui dessine le territoire, mais le territoire qui dessine la population ! En n'oubliant pas que pour les loups, comme pour les êtres humains, la taille de ce territoire et ses variations dépendent des ressources disponibles nécessaires à la survie du groupe. On peut trouver dans l'histoire de nombreuses récurrences de ce processus.

Dans la Grèce classique, le loup a une autre image par rapport à la Grèce chantée par Homère. Il incarne la tromperie et la sauvagerie, mais surtout il est celui qui refuse les règles de la cité. Par conséquent, il ne peut pas et ne doit pas y entrer. Il est considéré comme asocial et cruel. Plusieurs auteurs exposent ce point de vue que l'on retrouve aussi dans les fables. Ainsi, Platon, notamment dans *La République*, établit une antinomie entre le loup qui est sauvage, il faut comprendre rebelle aux lois de la cité, image du tyran (livre VIII), et le chien qui représente l'être « civilisé », « domestiqué » (livre II). Ce sont deux modèles qui s'opposent. Si le loup pénètre au sein de la cité, par exemple en séduisant par la tromperie les chiens, il devient un tyran. Aussi, il est par excellence l'ennemi de la cité[141]. Cette condamnation, largement répandue, le lestait d'une marque inquiétante, sinon infamante, pour des siècles et scellait son sort. Cette dichotomie est aussi présente dans la tradition romaine, laquelle s'est prolongée au Moyen Âge et finalement jusqu'à aujourd'hui. Celle-ci s'appuie sur une représentation spatiale qui différencie et qualifie plusieurs types d'espaces par rapport à un idéal d'humanité. Au cœur du monde romain et de l'idée de civilisation se tient l'*urbs*, la ville. Elle imprime sa marque civilisatrice à un autre type de territoire, également aménagé et organisé, qui est l'*hortus*, le jardin, et l'*ager*, le champ cultivé. Au-delà et en opposition avec ce monde humain, civilisé et organisé, le territoire non aménagé, non cultivé, en friches, finalement perçu comme chaotique, est qualifié de *saltus*, désignation qui a parfois englobé la forêt, *silva*, laquelle se situe au terme de cet éloignement de l'*urbs* qui s'identifie aussi à la *civitas*, à la fois l'ensemble des citoyens (*civis*) et la ville. Il n'est pas sans intérêt de noter que les mots plus récents « civilisation » et « civilisé » ont la même racine. Ces derniers termes apparaissent, dans leur actuelle acception, au XVIIIe siècle (les prémices au XVIIe siècle) dans le sillage de la philosophie des Lumières et s'associent rapidement à l'idée de progrès en s'opposant à « l'état de nature » (notion du XVIIe siècle), ainsi qu'à l'idée de barbarie et de sauvagerie. L'opposition se poursuit de manière très révélatrice avec d'autres termes attenants provenant également du latin et de l'héritage romain : « urbanité » par rapport à « sauvage », de

141. Également : « Les loups au festin ou la Cité impossible » de Marcel Detienne et Jesper Svenbro, dans Marcel Detienne et Jean-Pierre Vernant (dir.), *La Cuisine du sacrifice en pays grec*, Gallimard, 1979. Les auteurs affirment notamment, à propos de l'image du loup en Grèce à l'époque classique : « Plus qu'un être asocial, c'est l'ennemi mortel de toute communauté. »

l'ancien français *salvage* qui vient du latin *silvaticus* et lui-même de *silva*, « forêt », tout comme avec les antonymes « civilité » et « rusticité », ou « rustique » (de *rus*, la campagne). Dans l'Antiquité gréco-latine même, on peut observer une évolution dans la continuité de l'impulsion donnée dans la Grèce antique. Ainsi, dans le latin classique (fin de la République romaine, début de l'Empire romain), le terme qui désigne l'animal sauvage est *ferus*. Le mot a des aspects négatifs, mais d'autres en lesquels on peut encore voir des qualités. Il a le sens d'indomptable, de farouche, mais aussi de violent, de cruel et de grossier. Ce double aspect se retrouve dans les mots dérivés en français : fier, fierté, d'un côté, mais aussi, de l'autre côté, féroce. À l'opposé, l'animal domestique, ou apprivoisé, est appelé *mansuetus*, ce qui signifie « doux, tranquille, calme », à l'origine du mot français mansuétude.

Ce détour par l'étymologie et l'histoire des mots permet de comprendre bien des choses. De manière plus générale, ces distinctions fortes s'inscrivent dans une conception des relations du centre et de la périphérie, une question toujours très actuelle. Le centre dans les sociétés anciennes, outre qu'il est un lieu de commandement et d'organisation de l'espace, est également, et même surtout, car le reste en découle, l'endroit où le monde céleste communique spirituellement de manière privilégiée avec la société terrestre[142]. C'est pourquoi il comprend aussi un espace religieux et sacré, en plus des lieux politiques et économiques. Avec ces considérations, nous ne nous éloignons pas du loup, bien au contraire. En effet, celui-ci se tient dans l'espace périphérique sauvage, au propre et plus encore au figuré. Il le représente également. C'est bien sûr aussi le cas pour tout animal sauvage et pour toute nature non ordonnée par l'être humain. On comprend dès lors pourquoi, selon ces représentations, il est considéré comme l'ennemi et l'antithèse de ce que représentent le centre et la ville :

142. J'évoque cette question dans le chapitre II de mon livre *La Royauté et le sacré*, *op. cit.*

l'ordre, la loi, la civilité, la maîtrise, le raffinement et le rayonnement de la lumière céleste et divine ici-bas. Ce schéma mental a structuré les sociétés humaines durant des millénaires, aussi bien occidentales qu'orientales. Elle a conduit à une logique de confrontation dont le loup fut l'une des victimes. Ceci expliquant cela ! On peut aussi mesurer toute la différence avec des sociétés qui ont inclus le loup, et d'autres animaux ainsi que le milieu naturel, dans leur propre mode de vie dans un dialogue fécond qui a pu paraître parfois curieux, voire extravagant, dans les époques moderne et contemporaine.

Vers la diabolisation

Au cours du Moyen Âge, le loup devient une figure de l'Esprit mauvais. Son image est d'autant plus négative. Le christianismea-t-il eu sa part dans cette évolution ? On peut dire au minimum qu'il a accompagné celle-ci. En effet, cette évolution est essentiellement liée aux transformations de la société qui ont causé une modification des relations entre l'homme et le loup, entre autres.

La tradition chrétienne puise principalement à deux sources : la tradition hébraïque et l'héritage hellénique. S'y ajoutent les traditions préchrétiennes en Europe qui sont souvent christianisées.

Dans la tradition hébraïque, le loup est une malédiction, elle-même étant la conséquence de fautes graves. Ainsi, Jérémie (V, 5 et 6) explique : « Or eux aussi avaient brisé le joug, rompu les liens ! Voilà pourquoi le lion de la forêt les attaque, le loup des steppes les ravage. » Ézéchiel assimile les chefs tyranniques, sanguinaires et voleurs à des loups, dans une pensée finalement proche, ici, de la Grèce classique (XXII, 27) : « Ses chefs [d'Israël], au milieu de la ville, sont comme des loups qui déchirent leur proie, qui répandent le sang, faisant périr les gens pour voler les biens. »

Le loup est également le côté sombre, négatif pourrait-on dire aussi, de la Création. Son opposé est l'agneau. Selon Isaïe (XI, 6), ces contraires sont réconciliés au paradis puisqu'il entrevoit dans ce lieu que « le loup habite avec l'agneau ».

Dans le Nouveau Testament, le Christ, qui est l'agneau de Dieu (« Voici l'agneau de Dieu », *Jean* I, 29), reprend cet antagonisme, maintes fois évoqué par la suite, lorsqu'il dit (*Matthieu* X, 16) : « Voici que je vous envoie comme des brebis au milieu des loups. » Cette image se retrouve dans plusieurs passages des *Évangiles* (*Matthieu* VII, 15 ; *Luc* X, 3 ; *Jean* X, 12). Elle comporte une autre signification par rapport à l'Ancien Testament. Le loup est aussi l'incroyant, en somme un « gentil » ou un « païen ».

Avec ces deux héritages principaux, le loup, dans le christianisme, est à la fois l'adversaire du croyant et celui de la cité. Ambroise de Milan, au IVe siècle, nous en donne un exemple éloquent dans son *Traité de l'Évangile de saint Luc* (VII, 44, 53)[143]. Il y reprend de nombreux thèmes qui ne sont pas seulement chrétiens, mais le fruit de l'évolution observable dans l'Antiquité grecque et romaine sur cette question, et emprunte notamment des images à Virgile. Il compare les loups aux « hérétiques qui guettent les brebis du Christ ». Il observe qu'ils « rôdent près des cabanes des pâtres » et « autour des parcs » (de moutons, *caulas*), « de nuit plutôt que de jour », qu'ils « n'osent pas entrer dans les lieux habités », une expression révélatrice, qu'ils sont « sauvages [*feri*] et rapaces », des « pillards » qui tentent « de ravager le troupeau du Seigneur ». Il relève également l'image d'un double aspect fréquemment évoqué tout au long des siècles, où l'homme et l'animal se mêlent intimement, tout en émettant le souhait d'une séparation stricte entre l'un et l'autre afin de tarir la source de cette duplicité : « Extérieurement sans doute on voit un homme, au-dedans gronde la bête », « brebis au-dehors, au-dedans c'est un loup ».

143. Éd. du Cerf, tome 2, 1976.

Par-delà l'explication religieuse, c'est toute l'image du loup dans la société d'alors qui apparaît en arrière-plan.

De « bons loups » sont pourtant présentés dans les hagiographies, les vies de saints, médiévales. Mais justement, ce sont des loups convertis par des saints qui ont réussi à retourner leur nature initiale. De nombreuses légendes fondatrices chrétiennes retracent les confrontations de saints avec des loups, ainsi saint Colomban (VIe-VIIe siècles), fut encerclé par douze d'entre eux[144] dans les Vosges saônoises. Il s'était retiré dans la forêt pour méditer l'Écriture sainte. Son biographe, Jonas de Bobbio (VIIe siècle), relate : « Déjà les loups l'entouraient et flairaient ses habits : le saint, sans perdre confiance, continuait à prier et les animaux sauvages se dispersèrent sans lui faire aucun mal. » Les rencontres, qui tournent parfois à l'affrontement, ont également lieu avec d'autres animaux sauvages et redoutables, par exemple des serpents dans les îles de Lérins ou des dragons avec saint Georges et saint Théodore ou encore la Tarasque, une créature hybride, à Tarascon dans le sud-est de la France avec sainte Marthe.

Il y a là, à la fin de l'Antiquité et au début du Moyen Âge, une nette allusion au conflit entre le christianisme devenu hégémonique et le paganisme à la fois déclinant et résistant. Le loup figure là en somme les reliquats des religions européennes préchrétiennes. Cette lutte renvoie aussi symboliquement aux affrontements auroraux entre le nouveau soleil et les ténèbres, souvent imagés par le combat entre un dieu, ou un envoyé de celui-ci, ou encore un héros, et un monstre. Il faut aussi y voir la purification d'un espace qui redevient sacré, c'est-à-dire que le lien avec le ciel et le monde divin est rétabli. L'espace en question était considéré comme un chaos, comme une terre en déshérence, il reçoit dès lors les influences surnaturelles vivifiantes. Il ne disparaît pas, mais il est complètement transformé, à l'image de Délos, île la plus déshéritée du

144. Cf. Jean-Claude Larchet, *Les Animaux dans la spiritualité orthodoxe*, Édition des Syrtes, 2018.

monde, errante, qui se couvre d'or et s'ancre solidement après la naissance d'Apollon. Le loup, selon cette optique, représente les forces élémentaires sauvages inféodées au monde ténébreux. Aussi, les loups qui labourent ou portent différentes charges, que l'on rencontre dans des hagiographies, sont autant d'illustrations de la conversion au christianisme. Parfois, un loup prend la place d'un âne comme celui de sainte Austreberthe ou de saint Malo. Les saints qui dominent des loups sont légion. C'est par exemple le cas de saint Gens dans le Comtat Venaissin et de saint Mungo, évêque de Glasgow au VIe siècle. Dans d'autres récits, des loups viennent en aide à des saints comme saint Déodat, saint Florent, saint Odon, saint Hervé, et d'autres. Mais l'exemple le plus célèbre du loup converti qui devient un serviteur de Dieu modèle est le loup de Gubbio que François d'Assise rendit doux et serviable.

Les *Fioretti* (au chapitre XXI)[145] rapportent cette histoire étonnante. Dans la campagne environnante de la ville italienne de Gubbio apparut « un très grand loup, terrible et féroce, qui dévorait non seulement les animaux, mais aussi les hommes ». Pour conjurer ce péril, François part à la rencontre de l'animal. Alors que celui-ci s'apprête à le dévorer, l'auteur du *Cantique des créatures* fait un signe de croix et lui dit : « Viens ici, frère loup ; je te recommande de la part du Christ de ne faire de mal ni à moi ni à personne. » Aussitôt, le loup devient « paisible comme un agneau ». Notons au passage l'image de l'agneau qui est très forte et très signifiante dans le christianisme. Elle renvoie au Christ (*Jean* I, 29) et à la vision du paradis retrouvé d'Isaïe (XI, 6) où le loup, justement, habite avec l'agneau. Face à François, le loup prête serment, par des mouvements du corps et avec sa patte droite, de ne pas faire de mal, à aucune personne et à aucun animal, en échange de nourriture. Il vit ensuite deux ans à Gubbio en paix, où « il entrait familièrement dans les maisons », et y mourut de vieillesse. Selon certains, le loup

145. Dont il existe plusieurs traductions en français depuis la première de Frédéric Ozanam publiée en 1852.

serait en réalité un brigand, en somme un hors-la-loi remis dans le droit chemin des lois de la cité, ce qui est aussi une explication conforme aux représentations du loup héritées de l'Antiquité.

Certaines vies de saints contiennent des scènes surprenantes qui témoignent de la rencontre et de l'association de deux traditions, l'une judéo-chrétienne, l'autre issue d'un paganisme archaïque. C'est notamment vrai en Irlande. Les légendes nous y présentent parfois le loup sous des traits qui ne sont pas négatifs, loin de là ! Jacques Voisenet observe à ce propos[146] :

> Dans l'Irlande païenne, le loup devait être tenu pour un animal sacré, associé au culte solaire, car les Vies de saints abondent en curieux exemples où l'animal est considéré comme un être humain et profite d'un traitement de faveur exceptionnel [...] il bénéficie chez les clercs irlandais, pendant tout le Moyen Âge, d'un regard bienveillant malgré la tradition biblique.

Ainsi, entre autres exemples, le même chercheur cite le cas de Molua, abbé de Clonfert au VIe siècle, qui lave les pieds de loups, comme le Christ l'a fait à ses disciples (*Jean* XIII, 5), et les nourrit avec un agneau rôti ! Étrange cohabitation de deux traditions, mais représentative de la complexité de la situation concernant la perception du loup et de ce qu'il représente, qui s'avère très révélatrice de l'orientation religieuse, sociale et culturelle d'une société. Les reliquats des cultes préchrétiens et des croyances qui y sont associées ont perduré longtemps en Europe. En 1742, le pape Benoît XIV interdit dans ses États des « Lupercales » ! Il s'agissait de cortèges festifs de personnes nues[147].

---

146. Dans *Bestiaire chrétien. L'imagerie animale des auteurs du Haut Moyen Âge (Ve-XIe s.)*, *op. cit.*

147. Cette décision est rapportée par Jean Delumeau dans *La Peur en Occident*, Fayard, 1978. Le même souverain pontife proscrit également quelques années plus tard, en 1748, les danses, jeux et masques liés à des « bacchanales ».

L'emprise diabolique et l'éradication du loup

Nous l'avons vu avec la question du loup-garou, le XVe siècle marque un nouveau tournant de cette très longue histoire. L'association de la lycanthropie et du diable est alors nettement affirmée. La diabolisation est même complète. L'image du loup est très négative, car entièrement associée au mal. Et elle le demeure alors même que l'aspect diabolique s'estompe. Ainsi, au XVIIIe siècle, le naturaliste français Buffon, dans une analyse dénuée de tout aspect religieux, considère que cet animal est « nuisible de son vivant, inutile après sa mort ». Tous les arguments légitimant son éradication sont rassemblés, ceux qui ont une apparence rationnelle et les autres. La diffusion des armes à feu parmi la population au XIXe siècle et la distribution de primes aident alors considérablement à atteindre les objectifs de cette détermination implacable.

Il est intéressant d'observer, dans le temps long de l'histoire, que ce phénomène se produit alors que l'Occident traverse une crise religieuse qui fait surgir de fortes contestations et des remises en cause profondes, du Grand Schisme aux XIVe et XVe siècles à l'émergence de la Réforme au XVIe siècle. En même temps, tout change radicalement dans tous les autres domaines de la société avec l'humanisme, la Renaissance, le développement de l'État moderne, un contrôle social qui s'accroît, dont le « grand renfermement » au XVIIe siècle, le rationalisme, etc. C'est dans l'évolution tant de la société que du christianisme que doivent être cherchées les causes de cette nouvelle situation.

Mais je souhaite mettre l'accent sur un autre phénomène qui se déploie sur un temps plus long, notamment en Europe occidentale et plus particulièrement en France : l'emprise sans cesse croissante de l'être humain sur la nature environnante qu'il met en coupes réglées. Celle-ci a débuté dans l'Antiquité. Les Gaulois et les Romains ont beaucoup défriché. À partir du Xe siècle, commence une nouvelle vague de défrichements qui se poursuit, en passant par des périodes variables en intensité, jusqu'au XIXe siècle. Si autour de l'an mil, approximativement la moitié du territoire français est recouvert par la forêt, le manteau forestier ne recouvre plus que 12 % du territoire au début du XIXe siècle. Depuis, il s'est de nouveau accru. Aujourd'hui, l'espace forestier s'étend sur 31 % du territoire français, selon les tout derniers chiffres. Et cela explique bien des choses !

En réduisant les territoires des animaux sauvages, les êtres humains furent davantage confrontés à eux. Non seulement en raison de l'espace qu'ils prenaient, mais aussi à cause de l'accaparement des ressources, notamment des fruits de la chasse et du braconnage. Avec le loup, au sommet de la chaîne alimentaire, comme l'homme, la concurrence fut d'autant plus rude. De plus, les campagnes, en raison de la croissance démographique, furent très peuplées jusqu'au début du XXe siècle où la majeure partie de la population du pays y habitait encore. Si les origines de la louveterie, instituée pour chasser l'animal, datent de Charlemagne, de 813 précisément, son organisation et son efficacité augmentèrent par la suite. La chasse au loup utilisa bien des pièges cruels et des poisons violents comme la strychnine à partir de la fin du XIXe siècle. Elle fut le plus souvent collective, de la chasse à courre aristocratique, celle qui avait pour gibier le loup était très prisée, car difficile, à celles menées par les louvetiers (*luparii*), qui utilisaient toute la panoplie des moyens disponibles, jusqu'aux grandes battues rassemblant la population rurale, les « huées » et les « tracs ». Cette violence contre l'animal s'accrut donc au fil des siècles et il fut impitoyablement exterminé en France alors que les espaces forestiers se réduisaient considérablement. Elle fut stimulée par des primes qui deviennent importantes à partir de la loi du 3 août 1882, de son décret d'application (28 novembre) et d'une circulaire du ministre de l'Agriculture adressée aux préfets en décembre de la même année. On estime le nombre des loups en France à la fin du XVIIIe siècle de 15 000 à 20 000[148]. Un nombre sans doute déjà en recul par rapport aux siècles précédents, quand les loups entraient parfois même dans les villes, comme à Paris au XVe siècle à plusieurs reprises. Au début du XXe siècle, la survie de l'espèce est menacée. Les chiffres des primes attribuées annuellement sont éloquents à cet égard : en l'an V (1796-1797), 5 351, et 6 487 en l'an VI ; entre 1806 et 1827, le nombre annuel s'établit entre 1 000 et 2 000, parfois un peu au-dessus ; ensuite à moins de 1 000 (par exemple 700 en 1842). À la fin du XIXe siècle, ce sont encore plusieurs centaines de loups qui sont tués chaque année. Mais les chiffres décroissent. Au début du XXe siècle, ils se situent en dessous de 100, par exemple 73 en 1902, mais 18 en 1910. La Grande Guerre voit une petite remontée, jusqu'à 88 en 1918. L'extinction complète de l'animal en France eut lieu dans les années qui suivirent la Première Guerre mondiale. Douze primes furent distribuées en 1921, 6 en 1922, quelques-unes ensuite, la dernière en 1927. Après 1930, on ne signala plus, çà et là, que des individus isolés, eux-mêmes de plus en plus rares. Ce phénomène fut bien plus précoce pour l'Angleterre, où le loup disparut en 1486 ; en Écosse, où ce fut aussi le cas à la fin du XVIIe siècle ; et en Irlande au cours du XVIIIe siècle.

Le contrôle exercé par l'être humain sur la nature ne laissait plus de place aux grands animaux sauvages, au loup comme à d'autres animaux. On comprend mieux dès lors pourquoi l'affaiblissement de cette pression – en raison de la déprise rurale et de l'urbanisation de la société, qui s'est traduite par un dépeuplement des campagnes ainsi qu'une très nette augmentation de la couverture forestière et des terrains en friche – a rendu possible le retour du loup en Europe occidentale.

148. Jean-Marc Moriceau, *L'Homme contre le loup. Une guerre de deux mille ans*, *op. cit.*

Entre admiration et rejet

On observe au XXe siècle, un changement dans l'image du loup chez les êtres humains. Alors qu'en France les ultimes représentants de l'espèce disparaissent, des signes, finalement nombreux, montrent que le loup peut aussi être associé à des aspects positifs. Il est vraisemblable qu'une admiration a toujours existé, mais secrète, chez des chasseurs qui ne pouvaient que constater sa résistance et sa force, sa détermination et son ingéniosité. Des loups étaient parfois capturés pour effectuer des croisements avec des chiens, ou des chiennes, afin d'augmenter les capacités de l'animal domestique. Des qualités lui étaient donc reconnues, que l'homme désirait s'approprier par le biais d'un animal à ses ordres.

L'un des premiers grands textes littéraires, à l'époque contemporaine, qui donne au loup un rôle d'une grande noblesse, avec des qualités qu'un sage stoïcien peut lui envier, est sans conteste *La Mort du loup* d'Alfred de Vigny. Ce poème a été publié en 1843, une deuxième version en 1864. Impressionné par la mort d'un loup qui défend courageusement sa meute (une louve et deux louveteaux), l'auteur finit par les qualifier de « sublimes animaux » et rajoute : « Ah ! Je t'ai bien compris, sauvage voyageur. » Face à cette situation, il n'hésite pas à clamer « malgré ce grand nom d'Hommes/Que j'ai honte de nous, débiles que nous sommes ! » Quant aux animaux domestiques, ce sont des « animaux serviles » qui sont entrés dans le « pacte des villes ». Voilà qui n'est pas sans rappeler un texte plus ancien, *Le Loup et le Chien* de Jean de La Fontaine, publié en 1668. Dans celui-ci, un loup qui « n'avait que les os et la peau » rencontre un dogue « aussi puissant que beau ». Ils conversent. Le chien l'invite à suivre son mode de vie pour recevoir de la nourriture en abondance et être aussi bien portant qu'il l'est, cela en échange de « presque rien ». Mais le loup remarque la trace du collier et s'enfuit alors, car il préfère la liberté. Il y a là, en ce XVIIe siècle, où se met en place « le grand renfermement », une parole singulière pour ce temps, ainsi que dans l'ensemble des fables de La Fontaine, et profonde, car la conscience d'un enjeu de société affleure. Un texte original donc, isolé, pour cette époque où le loup est le plus souvent associé à des caractéristiques négatives.

Par contre, Alfred de Vigny est un précurseur d'un mouvement qui se révèle avec force à partir de la fin du XIXe siècle. On peut l'observer dans la littérature, comme dans *Le Livre de la jungle* de Rudyard Kipling (1894), dans les romans de Jack London, *L'Appel de la forêt* ou *L'Appel du monde sauvage* (*The Call of the Wild*, 1903), *Croc-Blanc* (1906), dans ceux de James Oliver Curwood, *Kazan* (*The Wolf Dog*, 1914), où l'animal, hybride de chien et de loup, est tiraillé entre deux mondes, celui des hommes et celui de la nature sauvage et de sa liberté, ainsi que la suite *Bari, chien-loup* (1917), Bari est le fils de Kazan et d'une louve, lui aussi est partagé entre deux mondes. Un véritable choix de société est évoqué dans ces livres, d'un côté la « civilisation », urbaine, mécanique, artificielle et impitoyable derrière des apparences trompeuses ; de l'autre, une vie plus authentique, plus libre et plus naturelle tout en étant aussi rude. Les héros de ces romans appartiennent finalement aux deux mondes et sont, de ce fait, partagés, comme le personnage principal du roman *Le Loup des steppes*[149] d'Hermann Hesse.

Au début du XXe siècle également, des mouvements de jeunesse, qui désirent retrouver des moments plus proches de la nature en dehors des villes, se développent. Ce sont par exemple le mouvement Wandervogel (« oiseau migrateur » en allemand) dans les pays germaniques, à la fin du XIXe siècle, et le scoutisme (de l'anglais *scout*, « éclaireur », lui-même de l'ancien français *escoute*, « écoute »), lancé en 1907 par le général anglais Lord Robert Baden-Powell, qui s'inspira notamment d'écrits de son ami

149. *Op. cit.*

Rudyard Kipling, *Le Livre de la jungle* et *Kim*. Dans le mouvement scout francophone, les plus jeunes, de 8 à 12 ans, sont regroupés au sein des louveteaux et des louvettes dans des « meutes ». Quant au mode d'éducation qui s'exerce, il est qualifié de louvetisme.

Mais la figure du loup est aussi reprise au XXe siècle avec un tout autre état d'esprit et d'autres intentions. Ainsi, les objectifs sont totalitaires et militaires dans l'Italie fasciste avec l'organisation de jeunesse mise en place par le régime, de 1926 à 1937, l'*Opera Nazionale Balilla*, qui regroupait les plus jeunes, de 6 à 8 ans, dans les « Fils de la louve » (*Figli della lupa*). Ce nom évoquait bien sûr la mythique *mater romanorum*, la louve nourricière de Romulus et de Rémus, « mère des Romains ».

En Allemagne, durant la Seconde Guerre mondiale, à la fin du IIIe Reich, à l'automne 1944, fut fondée la Werwolf (loup-garou en allemand), un corps de volontaires destiné à combattre les ennemis derrière la ligne de front. Ils se livraient notamment à des actes de sabotage et à des assassinats. Certains luttèrent ainsi après la fin de la guerre, jusqu'en 1947, y compris en Europe de l'Est. Bien qu'Heinrich Himmler, chef de la SS et ministre de l'Intérieur, soit à l'origine de cette unité, leur nom a été donné par Joseph Goebbels, ministre de l'Éducation du peuple et de la Propagande, en référence à un roman de l'écrivain allemand Hermann Löns, *Der Wehrwolf*, « Le Loup-garou » (1910), qui raconte l'histoire de paysans de Basse-Saxe, non loin de Hambourg, qui affrontent des soldats qui dévastent leur région durant la guerre de Trente Ans, au XVIIe siècle donc.

Durant la Seconde Guerre mondiale également, le quartier général d'Hitler pour le front de l'Est, en Prusse-Orientale (aujourd'hui en Pologne), à Rastenburg (Kętrzyn), de 1941 à 1944, avait pour nom de code « la Tanière du loup » (*Wolfsschanze*, en polonais *Wilczy Szaniec*). Cette identification du dirigeant du IIIe Reich avec le loup est corroborée dans l'autre camp par un célèbre dessin animé de Tex Avery, *Der Gross méchant loup* (*Blitz Wolf*, 1942), un détournement du conte *Les Trois Petits Cochons*, où précisément le méchant, prédateur, mais pas très futé, est le loup clairement identifié à Hitler. Il est d'ailleurs nommé Adolf le loup. Il veut envahir Cochonland (*Pigmania*), mais, s'il vient facilement à bout de deux cochons inconscients du danger, il échoue face au troisième cochon, sagace et prévoyant, appelé Sergeant Pork. Ce conte, non politisé, avait été déjà repris, quelques années auparavant, avec succès par les studios Disney, à plusieurs reprises à partir de 1933 (*Les Trois Petits Cochons*), pour des dessins animés et des bandes dessinées publiées en France par Hachette. Tex Avery a aussi revisité l'histoire du Petit Chaperon rouge (*Red Hot Riding Hood*, 1943), également un conte pluriséculaire. Dans ce dessin animé, le petit chaperon rouge est une danseuse de cabaret guère impressionnée par le loup, qui lui est un séducteur impénitent et sournois. Mais il est aisément repoussé par le petit chaperon rouge et doit en plus affronter une grand-mère encore plus enragée que lui et devant laquelle il ne peut que fuir piteusement !

Plus à l'est et plus récemment, en Turquie, de la fin des années 1960 à aujourd'hui, une organisation nationaliste radicale et panturque porte le nom de Loups gris (le nom officiel est « Foyers idéalistes ») en référence aux traditions turques.

AUJOURD'HUI : REDÉCOUVERTE ET FASCINATION RENOUVELÉE

Depuis plusieurs décennies, un retournement s'est opéré par rapport au loup. Quelques signes avant-coureurs ponctuels sont décelables au XIXe siècle. Mais ce mouvement s'amorce vraiment au XXe siècle et connaît une amplification dans la deuxième partie de ce même siècle. L'animal a été redécouvert, des études scientifiques nous en apprennent toujours plus sur lui et sur son existence. La toute première étude scientifique est publiée en 1944. Elle s'appuie sur des observations faites de 1939 à 1941. Elle a pour titre *The Wolves of Mount McKinley*[150]. Son auteur est l'Américain Adolph Murie. D'autre part, des personnes toujours plus nombreuses vont à sa rencontre, cherchent à mieux le connaître, à mieux le comprendre. Des vieilles croyances accompagnées de sourdes peurs ainsi que des préjugés tenaces et aveugles reculent. Ceux-ci n'ont pas disparu, mais ont glissé dans un arrière-plan qui alimente parfois des inquiétudes qui viennent tourmenter un élan de sympathie généralisé. De nombreux articles, ouvrages, thèses, reportages, documentaires et films témoignent de cet intérêt soutenu. L'actualité aussi, notamment lors de la réoccupation par le loup de territoires où il n'était plus présent en raison de son éradication et lors de protestations d'éleveurs.

Qu'est-ce qui peut expliquer ce changement profond et massif? Plusieurs raisons peuvent être déclinées.

D'une part, la recomposition de l'espace agricole. La mécanisation et plus récemment l'agriculture intensive contemporaine ont entraîné une chute du nombre des actifs dans l'agriculture, mais aussi de la démographie rurale. Ainsi, en France, en 1900, on compte environ 40 % de la population active qui travaille dans le secteur agricole. Le pourcentage s'établit à 25 % après la Seconde Guerre mondiale. Il est aujourd'hui à moins de 3 % ! Avec l'urbanisation de la société, les campagnes ont subi un puissant déclin démographique engendré par l'exode rural. L'une des conséquences fut la déprise rurale dans de nombreux territoires, c'est-à-dire l'abandon total ou particl d'espaces jusqu'alors agricoles. Ce phénomène est particulièrement prononcé dans les zones en marge, dans ce que l'on nomme le « rural profond » ou le

150. U.S. Government printing Office, *Fauna of the national parks of the United States*, Fauna Series, n° 5.

« rural isolé ». Dans ces espaces, la nature reprend ses droits, la vie sauvage s'y redéploie, car la pression de l'homme y est faible. Nous avons vu que de la première moitié du XIXe siècle à aujourd'hui, l'espace forestier en France a considérablement augmenté. La réduction drastique de l'espace sylvestre conjuguée à la forte augmentation de l'espace agricole a été l'une des causes majeures de l'élimination du loup. Le phénomène contraire provoque son retour. Cela est aussi vrai pour l'arrivée ou le retour d'autres prédateurs, comme le chacal doré (2017 en France), un animal assez proche du loup et intermédiaire par la taille entre celui-ci et le renard, ressemblant au coyote américain, en provenance du sud-est de l'Europe ; ou comme le lynx, à la suite de deux réintroductions (dans le Jura suisse, d'où il est passé dans la partie française de ce massif montagneux, et les Vosges), mais sa survie n'est pas assurée ; ou encore pour l'ours dans les Pyrénées, dont la très fragile présence a été soutenue depuis une bonne vingtaine d'années également par des lâchers.

D'autre part, le XXe siècle voit aussi l'essor du souci de l'environnement et de l'écologie, ce dernier terme apparaissant en 1866. Il s'associe à une redécouverte de la nature et à des interrogations fortes sur la société de consommation et les destructions de tous ordres qu'elle opère. À partir des années 1960, en France, mais c'est aussi vrai dans de nombreux pays, des mesures strictes de préservation sont prises pour de vastes zones, c'est le cas des parcs nationaux et régionaux. Ce mouvement s'est renforcé avec l'émergence d'un puissant impératif international, le développement durable, à partir des années 1990.

Ainsi, le loup a bénéficié de la convention de Berne, en 1979, relative à la conservation de la vie sauvage et du milieu naturel de l'Europe, qui fut lancée par le Conseil de l'Europe. Elle a été ratifiée depuis par 50 pays et par l'Union européenne. Il y est indiqué que le loup est une espèce protégée. Il a fallu plusieurs étapes ultérieures pour qu'elle s'inscrive concrètement dans les législations nationales. La France l'a approuvée par une loi de 1989 et par un décret de 1990. Elle a été complétée par la directive européenne « Habitats faune flore » de 1992, laquelle met notamment en place des zones de protection spéciales et d'autres dites zones spéciales de conservation (réseau Natura 2000). Cette directive précise également les espèces animales et végétales qui bénéficient d'une protection « stricte », comme le loup (annexe IV). Lorsque le loup fait son retour en France, en 1992, tout un arsenal juridique et des mesures protectrices venaient juste d'être adoptés. La concomitance était parfaite et garantissait la réinstallation !

Une autre raison relève de la meilleure connaissance de l'animal. Celle-ci réfute des croyances anciennes et des préjugés funestes. De nombreuses études et des observations précises ont conduit à cette heureuse évolution. Elle a permis des expérimentations qui se sont avérées très positives pour la biodiversité, comme la réintroduction du loup dans le parc national de Yellowstone aux États-Unis en 1995 par l'United States Fish and Wildlife Service, un organisme fédéral. Un processus similaire favorable à la biodiversité a pu être observé sur l'Isle Royale, qui est un parc national dans le lac Supérieur aux États-Unis, dans l'État du Michigan. À Yellowstone, 14 loups furent amenés du Canada dans un premier temps, puis 17 peu de temps après. L'animal avait été exterminé dans la région au cours des années 1920. Aux États-Unis, c'est en 1973 qu'une loi fédérale, l'Endangered Species Act, fait du loup une espèce protégée, avec d'autres. Ce phénomène de conséquences qui s'enchaînent est nommé cascade trophique (en lien avec la chaîne alimentaire et ses modifications). En effet, à Yellowstone, le loup a réduit, avec le puma et le grizzly dans une moindre mesure, la population des cervidés et l'a équilibrée, principalement des wapitis qui limitaient la croissance de la végétation, notamment d'arbres, des saules et des trembles (peuplier faux-tremble), dont ces cerfs se nourrissent (sur l'Isle Royale, ce sont des élans, des orignaux, qui y vivent en grand nombre). La croissance de la flore a entraîné l'augmentation de nombreuses autres espèces animales.

Cette meilleure connaissance s'inscrit dans un mouvement plus large d'une considération croissante à l'égard de l'animal en général. Elle s'amorce au XIXe siècle et ne cesse de s'amplifier depuis. Dans la deuxième moitié du XXe siècle, des remises en cause considérables sont faites : de l'émergence de mouvements pour la « cause animale » jusqu'à l'antispécisme, un courant de pensée qui considère que l'espèce humaine n'est pas au-dessus de toutes les autres. De nombreux travaux universitaires se penchent sur les relations de l'homme et de l'animal au cours de l'histoire. C'est ainsi qu'en 1984, l'historien médiéviste Robert Delort publie *Les animaux ont une histoire* (Seuil). Il est l'un des pionniers de la « zoohistoire », laquelle croise différentes disciplines et ne considère plus les animaux seulement sous l'angle de l'histoire naturelle, plus particulièrement de la zoologie, laquelle existe en Occident depuis l'Antiquité grecque et notamment Aristote (*Histoire des animaux*). En France, la Société protectrice des animaux est fondée en 1845, à l'image d'une société similaire active au Royaume-Uni depuis 1824 (*Society for the Prevention of Cruelty to Animals*). Les mauvais traitements que certains animaux subissent sont réprouvés. Ils sont même condamnés pénalement, jusqu'à cinq jours de prison, lorsqu'ils ont lieu en public, à partir de la loi Grammont de 1850. Une première ! Son auteur, le général et député Jacques Delmas de Grammont, ému par le sort des chevaux de guerre et des animaux maltraités, la fit voter par l'Assemblée nationale. Il est également le fondateur, en 1850 aussi, de la Ligue française pour la protection du cheval, toujours existante. Toutefois, cette loi concerne les animaux domestiques, pas les animaux sauvages[151]. Un siècle plus tard, le 7 septembre 1959, le décret Michelet, du ministre de la Justice Edmond Michelet, étend la condamnation au domaine

151. Cf. Maurice Agulhon, « Le sang des bêtes. Le problème de la protection des animaux en France au XIXe siècle », *Romantisme* n° 31, CDU-Sedes, 1981.

privé ainsi qu'aux animaux sauvages apprivoisés et en captivité. Peu à peu, des lois et des mesures accroissent la protection des animaux. En 1976, pour la première fois dans la loi française, un article du Code rural (article 9) définit l'animal comme un être sensible. Mais, il faut attendre 2015 pour que le Code civil (nouvel article 515-14) précise que les animaux sont des « êtres vivants doués de sensibilité ».

Enfin, de manière sans doute plus profonde, ce changement de regard, qui se traduit par de nouvelles dispositions, s'appuie sur l'évolution de la société elle-même. D'une part, dans une société sécularisée, l'analyse des phénomènes naturels ne relève plus d'une pensée religieuse qui, en Occident, a concouru à la diabolisation du loup. D'autre part, cette évolution a amené des transformations sociologiques considérables en interrelation avec la psychologie des individus. Le temps inauguré à la fin du Moyen Âge, celui des nations, de la raison et de l'individu, n'est plus le modèle dominant avec la société de consommation et la mondialisation. De nouvelles relations s'établissent avec l'espace, les autres individus, la société et le monde. Il est aujourd'hui question d'un néo-nomadisme (cf. *L'Homme nomade* de Jacques Attali) après des millénaires de sédentarisation, ou encore de « société liquide » (Zygmunt Bauman). Autre indice éloquent, celui d'un retour du « temps des tribus » (Michel Maffesoli), des communautés d'appartenance choisies, lesquelles ne sont pas sans parfois malmener la cohésion de la société. Ces tribus, par différents traits, rappellent la meute, même si les « tribus » humaines sont souvent sans commune mesure par leur taille. Il y a de nouveau, entre les humains et les loups, des similitudes qui créent des rapprochements, ainsi qu'une compréhension, avec une sympathie certaine et une attraction. À la différence des siècles passés, l'être humain se reconnaît davantage dans la vie des loups. Son appréciation vis-à-vis de l'animal change et devient globalement positive. Quel parcours depuis des millénaires !

Le loup et son mystère

Animal symbolique, à la fois du passé et de l'avenir,
le loup défie les hommes et les pousse
à la compréhension et au pragmatisme. À l'intelligence.

Jean-Marc Moriceau,
Le Loup en questions. Fantasme et réalité, op. cit.

UNE FASCINATION QUI DÉFIE LE TEMPS

Quel est donc ce mystère, source d'une grande fascination qui a traversé les millénaires ?

Il s'inscrit dans une très longue histoire, si longue qu'il est non seulement une partie constitutive de très nombreuses cultures, mais qu'il résonne, toujours et parfois avec force, dans le conscient et l'inconscient des individus où il s'est ancré. Il a ainsi montré son universalité, dans l'espace d'une part, car il vit au cœur de nombreuses sociétés, mais également dans le temps, car on perd sa trace dans un passé qui défie nos mémoires les plus anciennes. En effet, nous avons vu que cette relation s'est nouée il y a des dizaines de milliers d'années… au moins ! À propos du temps ou plutôt des temps dans le sens de périodes, examinant ceux vécus par les sociétés, l'historien Fernand Braudel a distingué différentes mesures temporelles dans l'étude et la compréhension du passé : l'évènement, dans le moment, qui est le « temps court » ; puis la conjoncture, qui elle se déploie sur des décennies ; enfin le temps long de l'histoire, la « longue durée », sur plusieurs siècles, une « réalité que le temps use mal et véhicule très longtemps »[152]. C'est, nous dit-il, le temps des structures et des « cadres mentaux ». À l'aune d'une vie humaine, il semble immuable, non affecté par les changements. Considérant ce caractère apparemment statique, un autre historien, Emmanuel Leroy-Ladurie, a forgé pour le désigner l'expression d'« histoire immobile »[153]. C'est ce dernier temps et cette histoire qui sont sollicités par la présente réflexion. Toutefois, les expressions « temps long » et « longue durée » ne paraissent pas ici assez amples. Comment qualifier des dizaines et des centaines de siècles ? « Très longue durée », « temps très long » ? Même cela semble court !

Une autre distinction ne résiste pas à ces immenses phases du temps, toujours à l'aune séculaire d'une vie humaine. Il s'agit de la séparation entre la préhistoire et l'Histoire. On pose généralement la limite de 3 000 ans av. J.-C. et l'invention de l'écriture comme commencement de l'Histoire. Mais les sociétés d'alors sont déjà solidement structurées, de plus l'écriture y est bien installée et ses origines sont sans doute à chercher dans le paléolithique (André Leroi-Gourhan, Jean Clottes). La longue période du néolithique, qui commence quelques milliers d'années auparavant, où l'humanité prend un tout nouveau tournant et où débute l'édification de nos sociétés, serait une limite plus judicieuse. Bien des éléments culturels, pour ne prendre que ceux-là, nous viennent de la préhistoire. Il existe des continuités depuis ce temps, avec, il est vrai, des évolutions, parfois infiniment lentes. C'est le cas pour les relations de l'homme et du loup. On ne peut les saisir que dans la très longue durée. Venant de très loin, elles ont franchi

152. « Histoire et sciences sociales : La longue durée », *Annales. Économies, sociétés, civilisations*, 13e année, no 4, 1958.

153. Qu'il a présenté dans sa leçon inaugurale au Collège de France, le 30 novembre 1973. Publication : « L'histoire immobile », *Annales. Économies, sociétés, civilisations*, 29e année, no 3, 1974.

les siècles et les millénaires jusqu'à aujourd'hui. En y réfléchissant, on ne peut que s'interroger sur l'existence d'autres permanences également inscrites en nous et dans nos sociétés. Dans quel soubassement de l'être se trouvent-elles ? Dans quelle mesure participent-elles à notre conscience ? Comment peuplent-elles et influencent-elles notre inconscient individuel et collectif ?

Pour comprendre les véritables changements, il me semble que les césures liées à de grands types de sociétés humaines seraient plus pertinentes : sédentaire ou nomade, agricole ou reposant sur la chasse et la cueillette, ou encore les sociétés urbaines populeuses, étatisées et structurées en opposition aux groupes humains autonomes et réduits en nombre. La conception et le vécu de l'espace et du temps, comme la relation avec la nature dont les animaux, ne sont pas les mêmes selon ces grands types de sociétés. Le genre de démarche religieuse a aussi joué à plein : les populations qui ont entretenu une relation intime avec l'environnement pratiquaient ce que l'on a nommé le chamanisme, terme qui recouvre, par-delà une même vision générale, des réalités variées. L'évolution ne fait pas toujours disparaître la relation, mais elle la change souvent. Ce qui était considéré comme positif et bénéfique est alors vu comme négatif et maléfique. C'est une sorte de contre-pied vis-à-vis d'un modèle dont on souhaite se distinguer sans équivoque et avec détermination. Cela a été le cas de la relation des humains avec le loup. Mais cette très longue histoire ne paraît pas linéaire. Nous avons pu saisir cette complexité. Cependant, on peut aisément observer que sans revenir à d'anciennes pratiques, la relation a pris un nouveau tournant au XXe siècle. Est-ce le début d'une nouvelle grande période ? La malédiction est partie. Reste encore la crainte et un peu d'incompréhension. Et la fascination. Toujours.

L'étude des relations de l'homme et du loup nous conduit donc à reconsidérer certains cadres de la pensée généralement admis. C'est vrai pour les cadres temporels. C'est également le cas de ce que nous désignons par les termes de « sauvage » et de « nature ». Si l'on observe l'histoire des derniers millénaires, notamment celle de la pensée, on ne peut qu'être frappé par cet effort colossal des êtres humains pour s'arracher à la nature, pour s'en distinguer et s'en détacher, puis pour la dominer et l'exploiter outrancièrement. Des inventions incroyables, des innovations ingénieuses ont permis un résultat inouï, celui d'une artificialisation croissante du monde et de la vie des humains grâce à des outils efficaces, à des machines performantes, et demain, sans doute, à l'intelligence artificielle. Mais ces progrès ont-ils été accompagnés par une croissance intérieure en chaque être humain pour permettre la maîtrise ainsi que la juste, pertinente et sobre utilisation des moyens colossaux dont il dispose ? On peut en douter ! L'influence, et même l'impact, de l'homme sur la terre, l'anthropisation de celle-ci, est telle qu'aujourd'hui de nombreux scientifiques, depuis une bonne vingtaine d'années, emploient le terme d'anthropocène, « ère de l'Homme », pour caractériser une nouvelle époque géologique, celle que nous vivons, à la suite de l'holocène, lequel a débuté il y a 10 000 ans. Cette frontière pour le moins très discutable entre ce qui est « sauvage » et ce qui est jugé comme étant « civilisé » a surtout permis jusqu'à aujourd'hui une dévalorisation complète du premier et subséquemment sa domination, ainsi que son exploitation sans limites à des fins productivistes allant jusqu'à des actes d'une ignoble et cruelle… sauvagerie, cela à l'encontre d'autres êtres vivants, humains et non humains. En érigeant un « sauvage » qu'il veut réduire, comme antithèse à lui-même, le « civilisé », en plus de commettre des actes monstrueux, ne détruit-il pas une partie fondamentale, plus ou moins refoulée, de lui-même ? Ne serait-ce pas cette méconnaissance qui entraîne un aveuglement destructeur ? Le loup n'est-il pas à cet égard un des trop nombreux révélateurs de cette démarche dévastatrice ?

Force est de constater qu'avec cette perspective le respect est trop souvent bien loin, ne demeure que l'intérêt matériel et l'utilité qui s'y attache. Ce phénomène s'est accentué depuis quelques siècles et les sociétés humaines qui n'avaient pas la même démarche ont été balayées. Aujourd'hui, l'homme moderne, dans son ensemble, malgré de nombreux témoignages contraires qui cependant n'infirment pas (encore ?) la tendance générale, est-il capable de respecter et de laisser libre ce qu'il ne contrôle pas ? De ne pas le saccager ?

Peut-il accepter de ne pas imprimer sa marque partout, de ne pas tout posséder et tout exploiter ? Pourrait-il laisser totalement libres les autres êtres vivants de la planète avec des ressources et un espace suffisant ? Une autolimitation indispensable pour cela est-elle possible pour lui ? Peut-il concevoir un usage sobre du monde ? Il y a eu depuis la deuxième moitié du XIXe siècle de vastes espaces qui ont bénéficié d'une protection plus ou moins renforcée selon les statuts et qui sont devenus des réserves naturelles et des parcs nationaux. Depuis une vingtaine d'années, un mouvement pour le réensauvagement (*rewilding*) émerge dans le monde. Il prône une inversion de cette mainmise humaine sur les écosystèmes en laissant la nature subsister à sa guise, tout en veillant à un certain équilibre et à favoriser des réintroductions d'espèces locales disparues. Il s'est concrétisé par des réalisations, comme la transformation du domaine de Knepp (*Knepp Wildland*) en Angleterre (Sussex) ou encore la création des « Réserves de vie sauvage » de l'Aspas (Association pour la protection des animaux sauvages) en France. Mais toutes ces initiatives seront-elles suffisamment étendues dans les années à venir pour sauver ce qui peut l'être encore de la sixième extinction de masse des animaux, et pour réduire les innombrables méfaits de toutes nos pollutions ? Ces questions sont vitales pour tous les animaux sauvages, en particulier le loup, et pour tous les écosystèmes où l'empreinte de l'homme est encore faible. Elles sont capitales également pour l'être humain lui-même, car, d'une part, ce qu'il fait aux autres témoigne de ses véritables dispositions et, en fin de compte, il le fait aussi à lui-même, mais le plus souvent de manière plus masquée. D'autre part, toutes ces destructions après avoir ravagé l'environnement finissent par s'abattre implacablement sur lui. Se croyant indépendant du monde et de l'univers, au point de lui dicter sa volonté orgueilleuse et prédatrice, il ne perçoit pas que c'est l'infirmité de sa conscience qui l'empêche de percevoir la consubstantialité foncière de toutes les formes du vivant dans l'univers, lesquelles sont en interaction, ce que de nombreuses sociétés humaines savaient.

L'homme est-il seulement un loup pour l'homme ?

Ce caractère prédateur de l'homme pour tout ce qui l'entoure est connu depuis très longtemps. L'adage si souvent repris « L'homme est un loup pour l'homme », *Homo homini lupus est*, en est une illustration éloquente. Son auteur est un dramaturge latin qui a vécu aux IIIe et IIe siècles av. J.-C. Son nom complet est Titus Maccius Plautus, en français Plaute. Érasme l'a repris avec une version modifiée dans ses *Adages* (1500), un recueil de citations grecques et latines : *Homo homini aut deus, aut lupus* (n° 70), « L'homme peut être un dieu pour l'homme, ou un loup ». Une autre reprise célèbre est celle du philosophe anglais Hobbes dans la dédicace qui introduit son ouvrage *De Cive*, « Du Citoyen » (1642) : *Profecto utrumque vere dictum est, homo homini deus, et homo homini lupus*, « Il ne fait aucun doute que les deux formules sont vraies, l'homme est un dieu pour l'homme, et l'homme est un loup pour l'homme ».

Le passage en question de Plaute, quant à lui, provient d'une comédie, *Asinaria*, *La Comédie des ânes*, une œuvre du début du IIe siècle avant notre ère. Ainsi utilisé, il signifie que l'être humain est un prédateur, quasiment une menace, pour tout autre être humain, à l'image du loup. Il est vrai que cela arrive souvent, depuis toujours ! Et l'on peut même ajouter que l'homme est également souvent, bien trop souvent, un « loup » pour tous et pour tout, pas seulement pour les autres êtres humains, mais également pour les animaux, pour les végétaux et l'environnement de manière générale. À cet égard, on peut aussi dire, en détournant quelque peu la locution plautinienne, que « l'homme est un loup… pour le loup » ! Et l'on pourrait même affirmer, dans son prolongement, qu'il est bien pire qu'un loup pour le loup ! En effet, si un loup peut s'avérer redoutable pour un autre loup, et cela peut aller jusqu'à une mise à mort, il respecte toujours des codes bien connus des loups et très compréhensibles. Ceux qui outrepassent ces codes savent très bien que leur vie est alors en jeu. Les règles sont claires et suivies par tous, car tous en profitent et elles assurent la survie du groupe. Vis-à-vis de l'être humain, si un loup peut être effectivement très dangereux, il le fuit le plus souvent. Par contre, les hommes ont pourchassé sans relâche le loup, l'ont évincé de ses territoires et ont été jusqu'à l'exterminer avec application et persévérance dans de nombreuses contrées.

Toutefois, la phrase de Plaute avait un sens quelque peu différent. Pour la comprendre, il est nécessaire de citer la totalité du passage : *Lupus est homo homini, non homo, quom qualis sit non novit*, ce qui signifie « Quand on ne le connaît pas, l'homme est un loup pour l'homme », ce qui modifie la perspective en nuançant considérablement le propos ! Là, l'ignorance est à l'origine de la menace et non la violence inhérente à l'être humain. Pourtant, ce ne fut pas ce qui a été retenu au cours de l'histoire. Et c'est révélateur ! En effet, ce qui a été retenu du passage de la comédie de Plaute et qui a été perçu et transmis comme étant une vérité profonde, c'est seulement la première partie, *Lupus est homo homini*, « l'homme est un loup pour l'homme ».

Cependant, dans tous les cas, la vision du loup est toujours la même : il est le danger par excellence, tout à la fois malveillant et malfaisant, et un être funeste. Il y a là un parti pris qui est posé comme une loi universelle. Mais qu'en est-il vraiment ? De nombreuses sociétés au cours de l'histoire ont eu une vision bien différente. De plus, aujourd'hui, notre connaissance de l'animal nous permet de savoir qu'il ne correspond que fort peu à de nombreuses représentations qui se sont imposées au fil du temps. L'être humain a été très injuste à l'encontre du loup qui lui a pourtant donné un précieux auxiliaire avec un dévouement sans limites : le chien. Ironie de l'histoire, le chien a souvent été utilisé par l'homme pour se protéger du loup !

Un autre aspect de cette citation, intéressant pour notre propos, est qu'elle met également l'accent sur l'identification de l'homme au loup, « l'homme est un loup... » L'être humain se reconnaît pleinement dans cet animal. Un héritage qui se perd dans la nuit des temps, au paléolithique ainsi que nous l'avons vu. Celui-ci est le fondement de la fascination que l'animal exerce sur l'être humain. Cependant, la relation a évolué, comme les représentations du loup dans les cultures. Pendant extrêmement longtemps, le loup a été observé attentivement par l'être humain, au moins des dizaines de milliers d'années, sinon des centaines de milliers. Celui-ci le connaissait parfaitement. Nul doute qu'il y avait alors une connaissance du loup véritable, tel qu'il est réellement et non pas tel que l'homme a fini par se le représenter. L'être humain archaïque, quant à lui, s'est senti tellement proche de cet animal qu'il l'a intégré dans sa société et en a tiré d'immenses bénéfices depuis des dizaines de milliers d'années jusqu'à aujourd'hui avec les chiens, descendants des loups domestiqués.

Cependant, dans les temps historiques, avec l'essor de la sédentarisation et de l'urbanisation, de l'agriculture et de l'élevage, le loup demeuré sauvage est devenu l'ennemi, l'antithèse toujours menaçante des nouvelles sociétés que les hommes édifiaient. La bonne connaissance de l'animal n'a sans doute pas disparu, mais une autre vision l'a supplantée et l'a, en quelque sorte, recouverte. L'homme, se laissant aller à un anthropomorphisme toujours plus accentué, a projeté sur le loup une image de lui-même, de ses propres ténèbres, de ses pulsions meurtrières. Sans doute y a-t-il là, au moins en partie, ce que René Girard a montré avec la théorie du bouc émissaire. Cette évolution est notamment observable au Moyen Âge, mais ses racines sont plus anciennes. Finalement, dans cette situation, quand l'homme parle du loup, il parle surtout de lui-même ! Il soliloque ! L'on peut alors inverser la formule de Plaute en disant : « Le loup est un homme » ! Ou si l'on préfère « *Ce* loup est un homme » ! Et l'on peut pousser cette logique en avançant qu'il n'y a alors plus de loup, mais seulement l'être humain qui a recouvert l'autre, ici le loup, d'un masque qui n'est rien de plus qu'une des projections de lui-même.

Une image de l'ambivalence… humaine

Les sociétés anciennes et nomades ont été fascinées par le loup et la meute : son organisation, la solidarité et l'entraide entre ses membres qui forment une famille soudée, son art collectif de la chasse, sa capacité d'adaptation, ou encore l'importance du jeu, à la fois un moyen de détente et d'enseignement. Mais, il y a une idée qui coagule le mystère de la relation de l'homme et du loup : l'ambivalence, laquelle se décline sous différentes facettes.

Bien sûr, tout d'abord, l'ambivalence de l'homme par rapport à cet animal dans le déroulement de cette histoire extrêmement longue : respecté, imité, en relation étroite, mais aussi rejeté, maudit, éradiqué. Puis, l'ambivalence des mythes et des légendes où le loup intervient est également frappante. Il est aussi bien associé à la fin d'un monde, à la mort, au chemin par-delà, qu'à l'aurore d'une vie et au commencement d'une société.

On peut comprendre cette ambivalence si l'on observe le comportement du loup. L'animal est à la fois tendre, joueur, altruiste et protecteur infiniment dévoué jusqu'à donner sa vie pour les siens ; mais aussi très féroce et impitoyable lorsqu'il chasse et met à mort sa proie sans aucun égard. Les hommes n'ont pu que se reconnaître face à un tel comportement qui peut paraître contradictoire ! *Homo homini aut deus, aut lupus*, « L'homme peut être un dieu pour l'homme, ou un loup » (Érasme) ! En effet, c'est également le comportement de l'être humain, tendre et cruel, sensible et insensible, généreux et avide, sage et ignorant, fin et grossier, bâtisseur et destructeur. Plus profondément, cette ambivalence renvoie à la confrontation entre la vie et la mort, entre toutes les morts et toutes les renaissances, ainsi qu'entre les ascensions et les chutes, au cœur de toute existence. C'est là, me semble-t-il, la source véritable de la fascination de l'être humain pour le loup, qui lui offre un véritable miroir, laquelle fascination alimente constamment son mystère depuis des temps infiniment lointains.

Vers une (ré)conciliation ?

Une histoire pleine de sagesse, largement diffusée aux États-Unis, met bien en valeur cette ambivalence. C'est celle des deux loups. Elle est aussi transmise sous d'autres noms : « Lequel nourrissez-vous ? », « Le grand-père raconte », « Les loups à l'intérieur », ou tout simplement « Le récit (*tale*) des deux loups ». On lui attribue une origine indienne, cherokee le plus souvent, parfois lénape. La voici. Un vieil Indien Cherokee révéla un soir à son petit-fils que deux loups se livrent une bataille à l'intérieur de l'être humain. L'un, un loup noir, apporte le mal, il est la colère, l'envie, l'avidité, la tristesse, le mensonge, la supériorité, l'ego. L'autre, un loup blanc, est le bien, la joie, la paix, l'amour, l'espoir, l'humilité, la compassion, la vérité. Le petit-fils demanda alors : « Lequel gagne ? » Son grand-père lui répondit : « Celui que tu nourris. »

On nous assure qu'il s'agit d'une légende indienne, mais l'est-elle vraiment ? La plus ancienne mention connue, finalement récente, remonte à… 1978 ! Précisément à un ouvrage du célèbre pasteur et prédicateur américain Billy Graham (1918-2018) dans son livre intitulé *The Holy Spirit. Activating God's Power in Your Life* (W Publishing Group, chapitre VII, p. 92). Ce récit met en scène non pas un Cherokee, mais un pêcheur esquimau (un Inuit). Ce ne sont pas deux loups qui sont présentés, mais deux chiens, également un noir et un blanc. La fin de l'histoire est encore plus explicite : « Celui que je nourris gagne toujours, car il est plus fort. » Cette trame a été souvent reprise, citée et modifiée par la suite dans des ouvrages, des articles, mais également des films (*Les Disparues* en 2003, *Pathfinder* en 2007, *À la poursuite de demain* en 2015), une série (*Luke Cage*, saison 2, épisode 2) et des chansons. La figure du vieux sage indien est certainement plus forte et plus évocatrice pour un Américain aujourd'hui que celle du pêcheur esquimau, tout comme le loup, animal sauvage donc indompté, est plus emblématique à cet égard que le chien. Par-delà, la pensée qui s'exprime n'est pas celle des Indiens, mais par contre elle correspond bien à celle de la Bible, ce qui n'a rien d'étonnant de la part de Billy Graham. En effet, une vision dualiste s'y manifeste, d'un côté le bien, de l'autre le mal, et entre le choix qui est demandé à chacun. Plusieurs textes de l'Ancien Testament comme *Jérémie* (XXI, 8) : « Voici, je place devant vous le chemin de la vie et le chemin de la mort », ou *Deutéronome* (XXX, 15 et 30, 19), ou des *Évangiles*, notamment *Matthieu* (VII, 13-14), ou encore des premières communautés chrétiennes (*Didachè* ou *Doctrine du Seigneur transmise aux nations par les douze apôtres*, I, 1)[154] : « Il y a deux voies, l'une de la vie, l'autre de la mort », sont dans le droit fil de cette pensée. Les légendes indiennes, y compris avec le loup, ne présentent pas cette vision dualiste.

154. Dans *Les Écrits des Pères apostoliques*, Cerf, 1990.

On peut trouver un prolongement à ce récit, beaucoup moins diffusé, avec, et c'est très notable, une sagesse différente. Son origine est également très incertaine et semble plus récente. Après la première partie, désormais classique, voilà ce qui est dit. Au lieu d'un choix manichéen, le vieil Indien poursuit ainsi : « Si tu les nourris correctement, ils gagnent tous les deux. » Après le discernement initial, qui s'avère indispensable, il n'est plus question de choisir l'un ou l'autre, mais de les réconcilier. En effet, explique-t-il, le loup noir possède aussi des qualités comme la ténacité, le courage et la volonté. D'autre part, si l'un des deux n'est pas suffisamment nourri, il se tiendra toujours en embuscade, incontrôlable, en colère, prêt à profiter de la moindre occasion pour prendre le dessus, ce qui ne peut manquer d'entraîner un grave déséquilibre, une lutte et un déchirement intérieur douloureux ainsi que de graves perturbations.

Ainsi, l'idée maîtresse de cette dernière histoire est la réconciliation des antagonismes, afin que la paix, intérieure et extérieure, s'établisse véritablement. Cette démarche est aussi présente dans la Bible, dans la bouche du prophète Isaïe en tant qu'image du paradis retrouvé (XI, 6) : « Le loup habitera avec l'agneau. » Elle est rappelée par de grands mystiques chrétiens comme Isaac le Syrien[155] : « Et qu'est un cœur compatissant ? [...] c'est un cœur qui brûle pour toute la création, pour les hommes, pour les oiseaux, pour les bêtes, pour les démons, pour toute créature » ; ou François d'Assise (Les *Fioretti*, chapitre XXI) : « Je veux, frère loup, faire la paix. » Cette continuation du récit américain s'avère aussi pleinement révélatrice et représentative de l'essence même de notre sujet. Elle lui offre en plus une issue positive. En effet, que faire de l'ambivalence que l'on ne peut que constater et tout d'abord dans l'être humain ? Un antagonisme avec ses conséquences destructrices ? Celui-ci, mobilisateur, peut rassurer de manière finalement assez

155. *Œuvres spirituelles*, 81e discours, *op. cit.*

simple, rapide et à moindres frais. Mais il entraîne des conflits violents et douloureux, de graves blessures, une dichotomie et une hémiplégie constante. La réconciliation, elle, permet d'unir pacifiquement, de multiplier et d'orienter les qualités des deux. Depuis des temps immémoriaux, les sociétés humaines et les traditions ont adopté l'une ou l'autre de ces deux postures dans les relations avec le loup : la conciliation ou la réconciliation, pour certaines, l'antagonisme pour d'autres. La question s'est toujours posée, car elle se pose à toute existence et à toute société : accord ou opposition. C'est pourquoi elle est si sensible, si récurrente et si mystérieuse, car elle nous renvoie constamment à une réalité que nous ne pouvons pas esquiver et qui prend sa source dans notre humanité.

Aujourd'hui, des personnes œuvrent à cette conciliation qui passe par un dialogue. Mais comment dialoguer avec l'animal sauvage ? À première vue, cela paraît impossible et pourtant, non seulement cela est réalisable, mais a existé. Dans sa thèse, « Maintenir la réciprocité pour mieux coexister ? Ethnographie du récit kirghiz des relations dynamiques entre les hommes et les loups », soutenue le 2 mai 2007[156], Nicolas Lescureux le démontre en étudiant l'interaction séculaire entre les Kirghiz et les loups. Il y examine comment les uns et les autres ont adapté leur comportement et leurs actions dans une interrelation dynamique pour le partage d'un territoire. Celle-ci s'appuie sur un grand respect des humains pour l'animal, qui plonge ses racines dans les croyances traditionnelles, et une bonne connaissance de celui-ci pour protéger les troupeaux. Son étude montre aussi comment la chute de l'URSS, avec ses bouleversements économiques et sociaux, a modifié cet équilibre et par contrecoup le comportement des loups. Cette question a aussi été l'objet d'un ouvrage du philosophe

156. Discipline : ethnoécologie, à Paris au Muséum national d'histoire naturelle. La thèse est en ligne sur le site tel.archives-ouvertes.fr.

Baptiste Morizot[157] intitulé *Les Diplomates. Cohabiter avec les loups sur une autre carte du vivant*[158]. Dans celui-ci, l'auteur prône l'émergence de « diplomates », de personnes capables de se placer en position d'interface entre les humains et les animaux sauvages. Il rappelle à cet égard l'étymologie grecque du mot diplomate, δίπλωμα, *diploma* (le terme a été ensuite latinisé), qui a le sens de « [un document] plié en deux ». Il n'est pas sans intérêt de noter que ce même terme grec dérive de διπλόος, *diplóos*, « double ». Il est essentiel pour réussir, assure-t-il, de « penser comme un loup » afin de mettre en place une communication efficace en vue d'une véritable cohabitation. Il est alors possible de transmettre à l'animal des informations qu'il pourra recevoir. Des personnes s'y emploient. Ainsi, aux États-Unis, dans l'Idaho durant l'été 2010, David Ausband, chercheur à l'université de cet État, a testé avec succès des barrières olfactives (*biofence*) qui écartent l'animal des troupeaux. En Suisse, l'éthologue Jean-Marc Landry a fondé en 1997 l'Institut pour la promotion et la recherche sur les animaux de protection (IPRA), afin de trouver des solutions permettant une cohabitation durable entre le pastoralisme et les animaux sauvages carnivores. Il est également à l'origine d'une fondation, dont les statuts ont été déposés en 2017, portant son nom et poursuivant les mêmes objectifs. Pour cela, il propose différents dispositifs originaux pour protéger efficacement les troupeaux et détourner les loups de ceux-ci. Actuellement, de nombreuses recherches et expérimentations vont dans ce sens. Des solutions s'avèrent possibles. Elles ne sont pas faciles à mettre en œuvre malgré la bonne volonté des uns et des autres, car elles reposent sur de nouvelles pratiques, qui ont un coût, ainsi que sur un nouveau paradigme qui dessine de nouvelles relations entre les êtres humains et la nature sauvage et qui vise à établir une

157. Maître de conférences à l'université d'Aix-Marseille.

158. Wildproject, 2016.

véritable, sincère et loyale cohabitation. Celle-ci a besoin de temps et de persévérance.

La relation au loup, comme avec beaucoup d'autres animaux, est une conséquence du choix effectué par une société et par des personnes. Elle est également pour l'être humain un moyen de se comprendre et de dialoguer avec lui-même, à la manière d'un miroir qui se dresse face à lui pour l'interpeller, constamment. Force est de constater que la relation avec cet animal a davantage marqué, par rapport à d'autres, et fut très forte ainsi que durable pour bien des traditions. Cela s'explique par les similitudes entre les groupes humains et les meutes, puis par les liens extrêmement privilégiés qui se sont établis très anciennement et qui ont donné à l'humanité le « meilleur ami de l'homme », le chien. Tandis que l'ancêtre et parent de ce dernier, demeuré sauvage, c'est-à-dire libre et indépendant, est souvent devenu le « meilleur » ennemi.

Aujourd'hui, une nouvelle page de cette relation s'écrit. Il est difficile de dire ce qu'elle apportera, si ses lignes chanteront des merveilles ou hurleront des horreurs. Ou les deux ! Mais elle sera, comme les précédentes, pleinement révélatrice non seulement de l'être humain, mais aussi de son rapport au monde et à... lui-même !

Sources et crédits iconographiques

Illustration 1 : Dessin de PGS, collection de l'auteur.

Illustration 2 : Dessin de Jean-Claude Bessette, collection de l'auteur.

Illustrations 3 et 4 : Extrait de : Finnur Jónsson, *Goðafræði Norðmanna og Íslendinga eftir heimildum*. Híð íslenska bókmentafjelag, Reykjavík, 1913, domaine public.

Illustrations 5 et 6 : Publiées par Dominique Anziani dans « Démonologie étrusque », *Mélanges d'archéologie et d'histoire*, tome 30, 1910, domaine public.

Illustration 7 et 8 : Wikimedia Commons, domaine public.

Illustration 9 : *Upper palaeolithic wall painting showing wolf. Cave at Font-de-Gaume*. Wellcome Collection. CC BY.

Illustration 10 : Collection de l'auteur.

Illustration 11 : Victor Duruy, *History of Rome, and the Roman people*, J. P. Mahaffy, 1886, domaine public.

Illustration 12 : Oscar Montelius, *Om lifvet i Sverige under hednatiden*, P.A. Norstedt & Söners Förlag, 1905, domaine public.

Illustration 13 : Wikimedia Commons, domaine public.

Illustration 14 : Doctor Suckling, Wellcome Collection. CC BY.

Illustration 15 : Domaine public.

Illustration 16 : Nicolas Witsen, *Noord en Oost Tartarye*, 1692, domaine public.

Illustration 17 : DR

Illustration 18 : DR, collection de l'auteur.

Illustration 19 : DR

Illustration 20 : *Les Métamorphoses* d'Ovide, livre I, 8e illustration, Francfort, 1581, domaine public.

Illustration 21 : Dessin publié dans *Lamiis et pythonicis mulieribus* d'Ulrich Molitor, Cologne, 1489, domaine public.

Illustration 21 : Wikimedia Commons, domaine public.

Illustration 22 : *Le loup-garou* de Lucas Cranach l'Ancien, 1512, Herzogliches Museum Gotha, domaine public.

Composition :
Soft Office

Achevé d'imprimer en mars 2020
sur les presses de la Nouvelle Imprimerie Laballery
58500 Clamecy
Dépôt légal : mars 2020
N° d'impression : 002563

Imprimé en France

La Nouvelle Imprimerie Laballery est titulaire de la marque Imprim'Vert®